Günter Frechen/Ralf Nieder

Flyball

W0221074

Günter Frechen/Ralf Nieder

Flyball

Der rasante Mannschaftssport für Hund und Mensch

Oertel+Spörer

Bildnachweis
Titelbild: Tobias Wimmer
Innenteilbilder:
Günter Frechen S.12 (3), 25, 29 (4), 30 (3), 40, 41 o., 43 (2), 46 u., 52 u., 53, 81 (3)
Nils Frechen S. 60 o.
Ellen Kreuzholz S. 10, 13, 20 (2), 30 o., 32
Sara Neuen S. 44 u.
Sandra Schwarz S. 49, 72
Alle anderen Bilder von Tobias Wimmer.

Haftungsausschluss
Die Hinweise in diesem Buch wurden von den Autoren sorgfältig recherchiert und geprüft. Es können jedoch keinerlei Garantien übernommen werden. Eine Haftung der Autorinnen, des Verlags und seiner Beauftragten für Personen-, Sach- und Vermögensschäden ist ausgeschlossen. Sämtliche Teile des Werks sind urheberrechtlich geschützt. Jede Verwertung außerhalb der engen Grenzen des Urheberrechtsgesetzes ist ohne die schriftliche Zustimmung des Verlags und der Autorinnen unzulässig und strafbar. Dies gilt insbesondere für Vervielfältigungen, Übersetzungen, Mikroverfilmungen und die Einspeicherung und Verarbeitung in elektronischen Systemen.

Bibliografische Information der Deutschen Nationalbibliothek
Die Deutsche Nationalbibliothek verzeichnet diese Publikation in der Deutschen Nationalbibliografie; detaillierte bibliografische Daten sind im Internet über http://dnb.d-nb.de abrufbar.

© Oertel+Spörer Verlags-GmbH + Co. KG · 2015
Postfach 16 42 · 72706 Reutlingen
Alle Rechte vorbehalten
Lektorat: Dr. Gabriele Lehari
DTP und Repro: raff digital gmbh, Riederich
Druck und Bindung: Oertel+Spörer Druck und Medien-GmbH+Co., Riederich
Printed in Germany
ISBN 978-3-88627-867-1

Inhalt

Vorwort **7**
Über die Autoren 8
Einführung **9**
Was ist Flyball 9
Entstehung und Entwicklung des Flyballsports 11
Regelwerk und Turniere 13
Die Flyballmannschaft 15
Der Lauf 15

Voraussetzungen und Vorsichtsmaßnahmen **17**
Welche Hunde sind geeignet? 17
Kondition 17
Grundgehorsam 17
Körpergröße 18
Mögliche Belastungen 21
Verletzungsgefahr vermeiden 21
Warm-up und Cool-down 22
Schutz der Zähne 25
Ruhepausen 26
Belastung des Menschen 26

Flyballtraining **27**
Die Ausrüstung 28
Das Flyballgeschirr 31
Ballarbeit 31
Die Schwimmerwende 33
Wendeübung mit Wendepunkt 35
Wendeübung mit Wendeziel (Targettraining) 40
Training mit der Dummybox 42
Dummybox mit Hürden und Ball 47
Hürdenarbeit 53
Methode 1 54
Methode 2 55
Die richtige Sprungtechnik 60
Die In-Out-Sprungtechnik 60
Die Weitsprungtechnik 61
Der Startpunkt 64
Konditionstraining 66
Training mit der Flyballbox 68
Das Mannschaftstraining 76
Ablenkungstraining 76
Startaufstellung 80

Wechseltraining 82
Mannschaftsaufstellung 88
Das Turniertraining 90

Das Flyballturnier 95
Organisation eines Turniers 95
Der Parcours 96
Die Hürden 97
Die Sprunghöhe 97
Die Leistungsklassen 98
Die Zeitmessung 99
Der Wettkampflauf 101
Die verschiedenen Wettkampfformen 103
Die Richter 105

Anhang 106
Danksagung 106
Flyball von A bis Z 106
Wichtige Internetseiten 111
Weitere Literatur 112

Vorwort

Durch unsere bereits jahrelange Arbeit als Trainer, Hauptrichter und Seminarleiter im Bereich Flyball wurden wir immer wieder darauf angesprochen, ob es nicht etwas zum Nachlesen gibt, wenn man mit dem Flyballtraining anfangen will und dabei nicht zu viel falsch machen möchte. Aus diesem Grund ist das vorliegende Buch entstanden.

Dieses Buch soll keine Trainingsbibel darstellen, sondern es bietet außer den wichtigen Hintergrundinformationen zu Geschichte und Entwicklung dieses Hundesports sowie zu den Voraussetzungen für Flyball zahlreiche Ideen und praktische Anregungen für das Training, mit denen wir gute Erfahrungen gemacht haben. Es ist sowohl für blutige Anfänger als auch schon aktive Hundesportler geeignet, die hierdurch vielleicht den einen oder anderen Tipp bekommen, um ihr Training noch weiter zu verbessern. Ebenso wird der Ablauf eines Wettkampfs beschrieben und wie man sich darauf richtig vorbereiten kann.

Jeder Hund ist anders und jeder Mensch auch, daher gibt es kein Patentrezept fürs Flyballtraining. Wie in allen anderen Hundesportarten auch ist es das Wichtigste, das Training in kleinen und kurzen Einheiten aufzubauen. Man sollte immer konsequent bleiben und nicht zu viel auf einmal erwarten und verlangen. Da jeder Hund anders in bestimmten Situationen reagiert, ist es wichtig, das Tempo der Ausbildung dem jeweiligen Hund anzupassen und auch zu erkennen, wann es genug ist. Aus diesem Grund raten wir, den Hund lieber in kleinen Schritten auszubilden und – wenn es nicht funktioniert – auch mal wieder einen Schritt zurückzugehen.

Da Flyball dem Hund und dem Menschen gleichermaßen viel Spaß bereitet und es beim Menschen besonders im Wettkampf zu einem gewissen Nervenkitzel führt, wird man beim Flyball schnell vom „Flyballvirus“ infiziert.

Über die Autoren

Günter Frechen ist seit dem Jahr 2000 im Flyballsport aktiv, zunächst nur als Mannschaftsmitglied, später dann als Trainer des Quickstep! Flyballteams. Er war maßgeblich an der Flyballentwicklung in Deutschland beteiligt, unter anderem auch dadurch, dass er vielen Vereinen und Trainingsgruppen beim Aufbau der Flyballgruppen geholfen hat. Bis heute ist er Mitorganisator der ersten Flyballturnierserie in Deutschland, und zwar dem NRW Flyballcup.
Schon seit einigen Jahren hat er gute Kontakte ins Ausland zu anderen Flyballorganisationen, nicht zuletzt auch durch die vielen Starts bei den Europäischen Flyballmeisterschaften seit 2003. Aber nicht nur als Starter oder als Schiedsrichter ist er beim EFC gern gesehen. In den Jahren 2005 und 2011 organisierte er mit dem Quickstep! Flyballteam bzw. mit seinem Verein V.E.A. Borken e. V schon zweimal diese Großveranstaltung.
Die über die Jahre gesammelten Erfahrungen und Erkenntnisse durch Besuche internationaler Seminare gibt er immer gern auf Trainerschulungen weiter. Aber auch Linienrichter und Hauptschiedsrichter bildet er aus. Er gehört zu den ersten Hauptschiedsrichtern und ist ebenfalls VDH-Hauptschiedsrichter. Im DSV sowie im dhv ist er Flyballbeauftragter, weiterhin gehört er zur Flyballkommision des VDH.
Von Günter Frechen gibt es bereits eine Trainings-DVD zum Thema Flyball.

Ralf Nieder ist seit nunmehr 14 Jahren im Flyball aktiv, angefangen mit dem Aufbau einer Flyballtruppe im Hundeverein über die Linienrichterausbildung zum Hauptschiedsrichter und schlussendlich als VDH-Hauptschiedsrichter. Er organisierte das erste Flyballturnier in Baden-Württemberg und ist seit 2014, also seit sich die Hundesportverbände dem Flyball angenommen haben, zuständig für Flyball im swhv sowie mit Günter Frechen zusammen im dhv. Hier hält er regelmäßig Trainer- und Richterschulungen ab.

Einführung

Beim Flyball stehen Tempo, Spieltrieb und Apportierfreude des Hundes im Vordergrund. Daher kann man sagen, dass Flyball eine Form von moderner Apportarbeit ist. Flyball ist im Prinzip für alle gesunden und aktiven Hunde jeglicher Größe und Herkunft geeignet. Es begünstigt auf spielerische Weise die Bewegungsfreude, das Selbstbewusstsein und das Sozialverhalten des Hundes.

So sieht ein Flyballparcours aus.

Was ist Flyball?

Flyball ist ein Wettkampfsport, bei dem in jedem Wettkampflauf zwei Mannschaften jeweils bestehend aus vier Teams (ein Team = ein Hund plus Hundeführer) auf zwei parallel aufgebauten Bahnen gleichzeitig an den Start gehen und gegeneinander in einer Art Staffellauf antreten. Dabei muss jeder Hund einer Mannschaft ohne Mithilfe des Hundeführers die vier aufgebauten Flyballhürden nacheinander überspringen, die Mechanik der Flyballbox durch Betreten

AUSZUG AUS DEM REGLEMENT

Flyball ist eine Hundesportart, bei der Tempo, Spieltrieb und Apportierfreude im Vordergrund steht. Flyball ist offen für Hunde aller Größen und Rassen, fördert auf spielerische Art und Weise ihre Bewegungsfreude, ihre Selbstsicherheit und ihr Sozialverhalten. Beim Flyball kann jeder gesunde, aktive Hund seine volle Lebensfreude zum Ausdruck bringen.

FAIRPLAY!

Alle Flyballturniere sollten immer nach den sportlichen Grundsätzen durchgeführt werden und so sollten sich auch alle Beteiligten dementsprechend verhalten. Für alle Turnierteilnehmer gelten die gleichen Regeln.

der Auslöseplatte betätigen, den hinausfliegenden Ball fangen und mit dem Ball in der Schnauze über dieselben vier Flyballhürden zurück zur Start-/Ziellinie laufen. Sobald ein Hund die Start-/Ziellinie überlaufen hat, darf der nächste Hund seiner Mannschaft starten. Dieser Vorgang wiederholt sich, bis die vier Hunde einer Mannschaft ihren Lauf fehlerlos abgeschlossen haben. Dann wird die Zeit gestoppt und die schnellere Mannschaft gewinnt.

Seitdem es diesen Hundesport gibt, ist die Basis des Flyballsports immer gleich geblieben. Der Hund wird sinnvoll beschäftigt und Hund und Hundeführer haben dabei zusammen eine Menge Spaß. Da Flyball ein Sport für alle Hunde ist, ist es dabei egal, ob Flyball in einer Hundeschule, in einem Hundeverein oder auch privat durchgeführt wird.

Beim Flyball spielen weder die Rasse noch die Größe oder das Tempo des einzelnen Hundes eine Rolle, denn es zählt immer die ganze Mannschaft. Jede Mannschaft auf einem Turnier hat mal eine Chance, in seiner Leistungsklasse

Ob Mischling oder Rassehund, ob groß oder klein – jeder Hund kann Spaß am Flyball haben.

(Division genannt) zu gewinnen, da immer gleich starke Gegner am Start stehen. Für den Hundeführer liegt der größte Reiz an diesem Sport darin, dass es ein Mannschaftssport mit einmaligem Teamgeist ist. Außerdem lässt sich Flyball super mit der Unterordnung kombinieren. Ganz nach dem Motto: Erst die Arbeit und dann das Vergnügen!
Bei einem Flyballturnier sind zwar Mannschaften mit Hunden egal welcher Rasse oder Mischung erlaubt, jedoch darf ein Hund nicht für mehrere Mannschaften am gleichen Tag starten. Ein Hund darf also immer nur für die eine Mannschaft, für die er an dem Turniertag gemeldet wurde, antreten.

Entstehung und Entwicklung des Flyballsports

Die Entstehung des Flyballsports ist schnell erklärt. In den 1970er-Jahren hat der Hundebesitzer Herbert O. Wegner aus Kalifornien in Amerika nach einer Beschäftigungsmöglichkeit für seinen arbeitsfreudigen und ballverrückten Hund gesucht. Da er wohl nichts Passendes gefunden hatte, hat er sich selbst etwas ausgedacht. Er baute eine Kiste mit einer Betätigungsplatte. Hatte der Hund diese Platte mit den Pfoten betätigt, wurde ein Ball aus der Kiste geschleudert, den der Hund dann schnappen konnte.
Das war die Geburtsstunde der ersten Flyballbox. Diese Flyballbox meldete Herr Wegner 1969 zum Patent an. Richtig bekannt wurde die Flyballbox aber erst, als er diese im Fernsehen mit seinem Hund in der „Tonight Show“ mit Johnny Carson, einer damals sehr bekannten Fernsehsendung, den Amerikanern vorstellte.

Die ersten Flyballboxen schleuderten den Ball noch bis zu 3 Meter hoch in die Luft. Dadurch entstand auch der Name dieser neuen Hundesportart: „Flyball“, zu Deutsch: „Flugball“. Diese Art der Beschäftigung machte schnell von sich reden und ging wie ein Lauffeuer durch die Reihen der Hundefreunde.
Gleichzeitig entwickelte sich dieser Sport aber auch recht schnell weiter. Zur Flyballbox kamen nach und nach Hindernisse – heute sind es vier spezielle Flyballhürden – dazu, sodass der Hund nun erst über die Hürden springen muss, bevor er seinen Ball holen kann. Heute kann man die Flyballboxen grundsätzlich in zwei Gruppen aufteilen.

Zum einen gibt es da den Boxentyp mit sichtbarer Katapulttechnik. Bei dieser Art der Flyballbox fliegt der Ball dabei hoch hinaus, er wird regelrecht hinauskatapultiert. Diese **Katapultboxen** gibt es in verschiedenen Ausführungen. Und zwar gibt es eine Variante, bei der der Ball aus der Box herausgeschleudert wird. Und es gibt Katapultboxen, bei denen der Ball von hinten nach vorne über die Box geschleudert wird. Dies ist auch der Ursprungstyp.

Da sich der Sport weiterentwickelt hat und dadurch schneller wurde, haben sich auch die Geräte weiterentwickelt. So entstanden Flyballboxen, bei denen der

Zwei Beispiele einer modernen Flyballbox: Die Frontdesignboxen stammen beide aus Belgien; die mit gebogener Trittfläche (a) von Patrick de Flies, die mit gerader Trittfläche (b) von Jeroen de Keyser.

Ball aus der Vorderseite herausgeschleudert wird und dem Hund regelrecht entgegenfliegt. Diese sogenannten Frontdesignboxen mit verdeckter Technik traten ihren Siegeszug an. Bis heute gibt es eine Vielzahl an unterschiedlichen **Frontdesignboxen**, die dieser Bauweise entsprechen. Eines ist aber bei allen gleich: Nur auf Flyballboxen dieser Art ist es für den Hund möglich, eine sogenannte Schwimmerwende durchzuführen, da die Box breit genug ist und über zwei Löcher verfügt.

Der Ball fliegt direkt in die Schnauze des Hundes, sodass er nur noch zuschnappen und ihn festhalten muss.

Mit der Schwimmerwende lässt sich der Ball auch einfach schnappen.

Die **Schwimmerwende** ist eine Art Drehung bzw. Wende, die der Hund auf der Box vollführt und dabei gleichzeitig den Ball schnappt. Diese Schwimmerwende ist für den Hund die gesündeste Art der Drehung. Das hat sich in jahrelanger Erfahrung mit Flyball im In- und Ausland gezeigt und bewiesen. Ein weiterer positiver Effekt durch diese Wende ist die Tatsache, dass dadurch die Hunde schneller sind.

Regelwerk und Turniere

Während in den Anfängen der Flyballsport überwiegend als Einzellauf stattfand, ist der „moderne" Flyballsport heute ein reiner Mannschaftssport in Form eines Staffellaufs für Hund und Hundeführer, wobei der Hund in diesem Fall derjenige ist, der sich am meisten sportlich betätigen darf.

Anfangs wurde Flyball in Amerika eher auf Hundeausstellungen, Sportveranstaltungen usw. als Pausenfüller in Form von kleinen Show-Wettkämpfen ausgetragen. Mitte der 1980er-Jahre wurden dann die ersten offiziellen Flyballturniere in den USA mit einem Reglement durchgeführt. Das erste Regelwerk der NAFA (North American Flyball Association) war am Anfang gerade einmal eine Seite lang. Mittlerweile ist dieses Reglement schon über 125 Seiten dick.

In Europa gibt es noch kein gemeinsames Regelwerk. Allerdings gibt es seit 2014 die FCI-Flyballkommission, deren erste Aufgabe ein gemeinsames Flyballregelwerk sein wird. England (BFA = British Flyball Association) war das erste europäische Land, das Flyball einführte. Belgien (BFB = Belgische Flyball Belge) folgte als zweites, die Niederlande als drittes Land. Aber auch in anderen europäischen Ländern ging und geht es immer weiter voran mit dem Flyballsport wie zum Beispiel in Österreich, Italien, Frankreich und Tschechien.

In Deutschland ist Flyball im Rahmen der Welthundeausstellung in Dortmund 1991 das erste Mal in Erscheinung getreten und dem Publikum vorgestellt worden. Da bisher kein Regelwerk in Deutschland vorlag, wurden anfangs die Regeln aus England übernommen. Ebenso wurde auch die Art der Hürden und Flyballboxen aus England verwendet. Diese wurden damals interessierten Vereinen kostenlos von einem großen Futterhersteller zur Verfügung gestellt.

Das erste deutsche Flyballturnier, welches als Pausenfüller bei einer Rassehundeausstellung des Pinscher und Schnauzer Club Dortmund-Sölde stattfand, wurde 1995 ausgerichtet. Dieses Turnier war jahrelang das einzige Turnier in ganz Deutschland. Das änderte sich 2001, als sich der einstige Pausenfüller selbstständig machte, da die Pausen zu kurz wurden, weil immer mehr Mannschaften am Turnier teilnahmen.

Im Jahr 2002 startete dann der NRW Flyball Cup als direkter Nachfolger des „Pausenfüllers“. Von Anfang an als kleine Turnierserie aus drei einzelnen Turnieren, die in Dortmund, Duisburg und bis heute in Borken stattfinden, wurde dieser Cup Vorreiter für viele Turniere in Deutschland. Mittlerweile findet der NRW Flyball Cup auch schon mal an vier verschiedenen Turnierorten statt.
Von Nordrhein-Westfalen breitete sich die Turnier- und Flyballszene in Deutschland immer weiter aus. So gibt es zum Beispiel die Hessen Trophy, die ebenfalls aus sechs bis acht eigenständigen Turnieren seit 2004 besteht, hinzu kamen der Baden-Württemberg Pokal (seit 2015 Baden-Pfalz-Cup genannt) sowie der Niedersachsen Cup (NDS-Cup) und der Bayern-Cup.

Einen riesigen Sprung hat Flyball in Deutschland gemacht, als im Jahr 2005 das erste ausführliche deutsche Regelwerk in Kraft trat. Ebenfalls im Jahr 2005 sowie dann noch mal 2011 fand die Europäische Flyball Meisterschaft (EFC) in Borken statt. Regelwerk und EFC trugen dazu bei, dass Flyball in immer mehr Hundesportvereinen und Hundeschulen großen Anklang findet. Mittlerweile gibt es in vielen Bundesländern (zum Beispiel in Bayern, Baden-Württemberg, Rheinland-Pfalz, Niedersachsen, Hessen und Nordrhein-Westfalen) aktive Hundesportler, die Flyballturniere organisieren und somit Vorrausetzungen schaffen, dass Mannschaften sich im sportlichen Wettkampf messen können.
Eine Premiere fand im Jahr 2008 statt: Zum ersten Mal wurde eine Deutsche Flyball Meisterschaft (DFM) ausgetragen, seither gibt es die DFM im 2-jährigen Rhythmus an unterschiedlichen Orten in Deutschland. An der letzten DFM 2014 nahmen 60 Mannschaften aus ganz Deutschland teil.

Die Flyballmannschaft

Eine Flyballmannschaft besteht im Idealfall aus:

- mindestens vier bis maximal sechs Teams (1 Team = ein Hund mit Hundeführer). Vier Teams stehen beim Wettkampflauf am Start, die anderen zwei Teams halten sich als Ersatz-/Reserveteams zur Verfügung, damit zum Beispiel zwischen den einzelnen Läufen die Mannschaft umgestellt werden kann. Auf diese Weise können die Hunde zwischendurch auch geschont werden.
- einem Mannschaftsführer, der sich um die Organisation der Mannschaft während eines Turniers und außerhalb von Turnieren kümmert. Dieser darf selbstverständlich mit seinem Hund als Team zur Mannschaft gehören.
- einem Boxenlader, der die Flyballbox bedient, also die Bälle in die Box nachfüllt und die Hunde per Stimme motivieren kann, schneller zur Flyballbox zu kommen.
- einem Balljungen, der im Start- und Zielbereich für Ordnung sorgt, indem er die Bälle, welche die Hunde geholt haben, schnellstmöglich nach jedem Lauf einsammelt.
- einem oder mehreren Helfern, welche die Mannschaft unterstützen, indem sie zum Beispiel von außen das Renngeschehen beobachten und so der Mannschaft zwischen den Läufen nützliche Tipps geben können.

Der Lauf

Wie schon anfangs erwähnt, treten bei einem Turnier vier Hunde einer Mannschaft in einer Art Staffellauf gegen eine andere Mannschaft mit vier Hunden gleichzeitig auf zwei parallel aufgestellten Bahnen, dem Parcours, an. Es muss also jeder einzelne Hund einer Mannschaft die vier hintereinander aufgestellten Hürden in der richtigen Rheinfolge überspringen, den Ball aus der von ihm ausgelösten Flyballbox fangen und mit diesem wieder über die Hürden Richtung Start/Ziel zum Hundeführer zurücklaufen. Sobald der erste Hund durchs Ziel gelaufen ist, darf der nächste Hund die Startlinie überqueren und loslaufen usw. Daher starten die Hunde auch im fliegenden Wechsel. Das wiederholt sich so lange, bis alle vier Hunde den Parcours fehlerfrei hinter sich gelassen haben.

Sollte einem Hund ein Fehler unterlaufen sein, so muss dieser den Parcourslauf mit einer Strafrunde wiederholen. Erst dann ist der Lauf beendet und die Zeit wird gestoppt.

Fehler sind zum Beispiel:

- Der Ball wird nicht mit über die Ziellinie gebracht.
- Eine oder mehrere Hürden werden ausgelassen.
- Der Hund verlässt seine Laufstrecke.

Die vier Hunde (also die Mannschaft), die den Parcourslauf dann am schnellsten fehlerfrei beenden, haben diesen Lauf damit auch gewonnen. Wie viele Läufe an einem Turniertag stattfinden, hängt ganz von der Anzahl der gemeldeten Mannschaften ab.

Bei einem Flyballturnier geht es immer recht locker zu und der Spaß kommt dabei für Hund und Hundeführer nie zu kurz. Ein bisschen Ehrgeiz kommt später vielleicht auch noch dazu, wenn man erst einmal mit dem Flyballfieber infiziert ist – spätestens dann, wenn der Hundeführer sieht, wie viel Spaß der Hund an diesem Sport hat und was es noch alles für Möglichkeiten gibt, ihn interessanter, besser und schneller zu gestalten.

Eine Mannschaft muss nicht unbedingt die schnellste sein, denn was beim Flyball vor allen Dingen zählt, ist die Freude an der Sache und das einmalige Teamgefühl. Zuschauer, die schon einmal ein Flyballturnier live erlebt haben, lieben besonders die tolle Turnieratmosphäre/-stimmung und sind fasziniert von den Geschwindigkeiten, die die Hunde zurücklegen können. Die Zeiten einzelner Hunde bzw. der Mannschaft können unheimlich schnell sein!

Damit man auch mal eine Vorstellung davon bekommt, wie schnell vier Hunde den Flyballparcours abarbeiten können, hier einige Zeiten im Vergleich:

- Der aktuelle Weltrekord wurde von der Mannschaft „Spring Loaded" auf einem NAFA Turnier in Ohio am 25. Mai 2014 aufgestellt. Es sind schnelle 14,657 Sekunden.
- Die schnellste europäische Flyballmannschaft kommt aus England. Die „Mansfield Marnicks" liefen am 27. Juli 2014 bei einem Turnier in Olivers Mount eine Zeit von 15,96 Sekunden.
- Den Deutschen Rekord hält der amtierende Deutsche Meister, das „Quickstep!" Flyballteam aus Borken mit Trainer Günter Frechen. Sie liefen am 26. Juli 2014 auf der DFM in Haßloch eine Zeit von 16,92 Sekunden.

HINWEIS!

Die Laufstrecke aller vier Hunde beträgt 124,40 Meter. In Deutschland laufen die Top-Mannschaften Zeiten um die 17 bis 18 Sekunden. Schnelligkeit ist aber nicht alles. Auch wenn man langsamere Hunde bzw. Mannschaftszeiten hat, braucht keiner Angst zu haben, nicht auf seinen Spaß zu kommen. Bei einem Turnier werden die Mannschaften nach Leistungsstärke (Laufzeiten) eingeteilt, sodass immer in etwa gleich starke Gegner an den Start gehen. So muss dann keine Mannschaft, die zum Beispiel 24 Sekunden für einen Lauf mit vier Hunden braucht, gegen eine Mannschaft mit 17er-Zeiten antreten.

Voraussetzungen und Vorsichtsmaßnahmen

Bevor man sich dafür entscheidet, mit seinem Hund Flyball zu trainieren, sollte man sich vorher genau überlegen, ob der eigene Hund überhaupt für den Sport geeignet ist. Außerdem sollte auf verschiedene Vorsichtsmaßnahmen geachtet werden, um unnötige Belastungen oder gar Verletzungen des Hundes zu vermeiden.

Welche Hunde sind geeignet?

Flyball ist im Prinzip für jeden gesunden Hund geeignet und daher kann auch Flyball von fast allen Hunden gelernt werden. Wichtigste Voraussetzung ist also die Gesundheit des Hundes. Um diese nicht zu gefährden, sollte, bevor man mit diesem Sport beginnt, mit einem Tierarzt abgeklärt werden, ob der Hund überhaupt fit für den Hundesport ist. Bei Hunden mit anatomischen Besonderheiten wie zum Beispiel Hunde mit einem sehr langen Rücken und kurzen Beinen, sollte natürlich gründlich untersucht werden, ob dieser Hund überhaupt durch Hundesport belastet werden darf. Für ein Training ab und zu nur zum Spaß ist es vielleicht nicht so schlimm, aber regelmäßiges Training und Turnierteilnahmen würde die Gesundheit eines solchen Hundes sicherlich nachhaltig beeinträchtigen.

Kondition

Generell sollten Flyballhunde über eine gute allgemeine Kondition verfügen, da Flyball mehr ein körperlicher als ein geistiger Sport ist. Flyball ist daher auch gut als Ausgleich für alle Hunde mit geistiger Beschäftigung wie durch Obedience, Fährtenarbeit, Dog Dance oder normale Unterordnungsübungen geeignet.
Da Flyball eigentliche eine moderne Form der Apportierarbeit ist, muss der Hund nicht – wie so häufig angenommen – total ballverrückt sein. Im Gegenteil: Ein Hund der total ballverrückt ist, sieht meistens nichts anderes als den Ball und achtet nicht mehr auf das richtige Training. Der Hund sollte aber gut motivierbar sein, sei es durch Leckerlis, Spielzeug, Stimme oder Körperkontakt. Wenn der Hund schon apportieren kann, erleichtert es zwar das Flyballtraining am Anfang. Das Apportieren kann der Hund aber auch erst zu Beginn oder parallel zum Flyballtraining lernen.

Grundgehorsam

Der Hund sollte einen gewiesenen Grundgehorsam mit sich bringen. Er sollte sozialverträglich und souverän sein, also nicht aggressiv gegenüber anderen Hunden und Menschen. Hat zum Beispiel ein Rüde Probleme mit anderen Rüden und nicht mit Hündinnen, kann er, sofern er gut abrufbar ist, trotzdem beim Flyball mitmachen. Eine spätere Turniermannschaft, in welcher der Rüde läuft, muss dann allerdings so gemischt werden, dass nur sozialverträgliche Hunde aufeinander zulaufen. Die Startreihenfolge könnte dann vielleicht so aussehen:

Rüde – Hündin – Rüde – Hündin oder Hündin – Hündin – Hündin – Rüde. Dieser Rüde kann aber auch Flyball nur zum Spaß außerhalb einer Turniermannschaft trainieren.

Beim Flyball können sogar auch eher ängstliche Hunde mitmachen. Denn durch das Flyballtraining bekommt der Hund mehr Selbstbewusstsein. Der Hund lernt dabei, auf einer bestimmten Distanz selbstständig zu arbeiten. Ebenfalls ist für diesen Hund der Arbeitsablauf mehr oder weniger der Gleiche. Dieser Ablauf wird ihm mehr und mehr vertraut und er muss somit nicht ständig neue Situationen im Parcours dazulernen.
Erst später bei Turnierbesuchen lernt der Hund immer wieder Neues kennen wie zum Beispiel andere Hundeplätze, andere Menschen und natürlich auch andere Hunde. Sein Spiel aber, der Flyballsport, bleibt gleich. Das verschafft ihm wiederum eine vertraute Atmosphäre.

Körpergröße

Die Körpergröße des Hundes spielt beim Flyball eigentlich keine große Rolle. Somit können Hunde jeder Größe Flyball erlernen. Andererseits ist gerade die Größe der Hunde für die Sprunghöhe entscheidend. Der kleinste Hund einer Mannschaft, der startet, gibt die Sprunghöhe der Mannschaft vor. Wenn zum Beispiel ein Hund eine Schulterhöhe von 38 cm hat, werden, um die Sprunghöhe zu ermitteln, von der Schulterhöhe 12,5 cm abgezogen. Das ergäbe in diesem Beispiel eine Sprunghöhe von 25,5 cm. Da es diese Sprunghöheneinstellung für die Hürden nicht gibt, wird abgerundet auf 25 cm. Somit müssen dann alle

 Diese Hunde haben alle viel Spaß am Flyball!

EINFACH NUR SPASS!

Abgesehen vom Turnierbetrieb steht beim Flyball der Spaß absolut an erster Stelle. Was macht es da aus, dass zum Beispiel der Mops nicht jeden Ball sofort fängt, weil vielleicht der Fang sehr kurz ist, oder wenn der Beagle mal mitten im Parcours keine Lust mehr hat zurückzukommen oder die Dogge über die Hürden nur so dahinschlendert. Das Wichtigste ist, dass der Hundeführer mit seinem Hund Freude am Flyballsport hat – sei es nur so in der Freizeit oder beim Besuch eines Flyballturniers.

Hunde dieser Mannschaft über 25 cm hohe Hürden springen. Was für den kleineren Hund gut zu schaffen ist, ist für die größeren Hunde und somit auch für die ganze Mannschaft ein kleiner zeitlicher Vorteil, da sie schneller über die Hürden springen können. Außerdem sind kleine Hunde beim Flyball die Publikumslieblinge.

Da es bei Flyballturnieren verschiedene Divisionen (Leistungsklassen) gibt, ist diese Einteilung auch für Mannschaften eine Aussicht auf gute Erfolgschancen, die nicht mit den Top-Hunden wie Hüte- und Arbeitshunderassen bzw. deren Mischlingen (wie zum Beispiel Border Collie, Sheltie, Australian Shepherd) an den Start gehen. Diese genannten Hunde sind aufgrund ihrer Körperkonstitution, Beweglichkeit und Schnelligkeit für den Flyballsport geradezu geboren.

Hüte- und Arbeitshunderassen sind beim Flyball oft anzutreffen.

Ein kleiner Hund am Start verschafft der ganzen Mannschaft eine niedrige Sprunghöhe.

Aber Geschwindigkeit ist nicht alles, was Flyballhunde vorzeigen sollten. Vielmehr sind auch die Zuverlässigkeit und die Ausdauer ganz wichtig. So ist zum Beispiel der Jack Russell Terrier zwar ein kleiner Hund, aber gerade er hat es in sich, da er über eine enorme Sprungkraft und die nötige Ausdauer verfügt, mit der er beim Flyball mitspielt, die kaum von einer anderen Rasse zu brechen ist. Es gibt doch tatsächlich Jack Russell Terrier, die schneller als ein Border Collie sind. Außerdem verhilft er der Mannschaft noch dazu, über niedrige Hürden springen zu können.

Mögliche Belastungen

Beim Flyball, wie aber auch bei allen anderen Hundesportarten, sollte natürlich vor Beginn des Trainings der Hund von einem Tierarzt durchgecheckt werden. Gelenke, Knochen und Wirbelsäule, aber auch Herz, Lunge und Kreislauf müssen gesund sein.

Wir sollten uns immer vor Augen halten, dass jede Sportart, die wir mit unserem Hund betreiben, natürlich mit einer Belastung – geistig wie auch körperlich – für den Hund einhergeht. Da gerade die sehr triebigen Hunde nicht zeigen, wann es ihnen zu viel wird, liegt es an uns als Hundeführer, dies zu tun. Manchmal ist auch hier „weniger mehr“, das heißt, man sollte die Trainingseinheiten möglichst kurz halten und dafür öfter wiederholen. Ist der Hund nicht mehr konzentriert bei der Arbeit, steigt auch das Verletzungsrisiko.

Bei untrainierten Hunden sollte daher langsam mit Konditionstraining und Muskelaufbau begonnen werden, was dann mit der Zeit gesteigert werden kann. Eine gute Muskulatur schützt die Gelenke vor Verletzungen und Verschleißerscheinungen.

Verletzungsgefahr vermeiden

Genauso liegt es an uns, durch geeignete Trainingsgeräte und Trainingsmethoden die Belastung für die Hunde so gering wie möglich zu halten. Daher ist ein ganz besonderes Augenmerk auf die korrekte Schwimmerwende (wird später genauer beschrieben) zu legen, da dies das schonendste Arbeiten an der Flyballbox für unsere Hunde bedeutet.

So wichtig wie gute Geräte sind auch die Platzverhältnisse. Nasser, rutschiger und matschiger sowie gefrorener Boden erhöhen ebenso das Verletzungsrisiko. Hierbei ist dann genau abzuwägen, was trainiert werden kann. Im Zweifel sollte man lieber mal ein Training ausfallen lassen. Anstelle vom Training kann dann prima an dem Mannschaftszusammenhalt gearbeitet werden wie durch einen langen Spaziergang mit allen Hunden.

Aufgrund der geringen Höhe und der Aufstellung hintereinander in einer Linie in Laufrichtung bergen die Flyballhürden wenig Verletzungsgefahr, da der Hund den ganzen Weg sehen kann. Im Training lernt der Hund aber auch, seinen Sprungrhythmus zu finden, daher weiß er genau, wann ein Hindernis kommt. Falls einmal – aus welchem Grund auch immer – ein Hund gegen eine Hürde läuft und diese dann Bauart bedingt umfällt, besteht kaum ein Risiko für Verletzungen. Auch dadurch, dass am oberen Brett Schaumstoff befestigt ist, kann es nicht zu Abschürfungen beim Berühren dieser Fläche kommen. Durch diese Polsterung wird ebenso verhindert, dass sich die Hunde zum Beispiel an den Karpalballen verletzen könnten.

Dieser Hund zeigt eine perfekte Schwimmerwende, aber noch mit seitlicher Begrenzung an der Flyballbox.

Warm-up und Cool-down

Wie bei jedem Sportler, der mit dem Training oder Wettkampf beginnt, ist ein Aufwärmen der Muskulatur notwendig. Bei einem nicht aufgewärmten Hund steigt das Verletzungsrisiko enorm. Ebenso ist nach dem Training ein ausreichendes Abkühlen der Hunde wichtig. Vor jedem Training oder Wettkampf sollte daher das Aufwärmen selbstverständlich werden. Das Aufwärmen beginnen wir mit langsamem Gehen und Traben (etwa 10 Minuten) oder einem längeren Spaziergang.
Danach sollten noch Dehnübungen erfolgen wie strecken, enge Kreise in beide Richtungen laufen, auf den Hinterbeinen laufen, Beinslalom, um nur wenige Beispiele zu nennen.

Hervorragend sind Übungen, bei denen der Hund selbst aktiv und ruhig seine Gelenke bewegt. Hier eignen sich auch sehr gut Übungen aus dem Dog Dancing Ein paar Beispiele aus diesem Bereich: Übungen wie „Streck dich", wobei der Hund gelernt hat, sich auf Kommando zu strecken. Oder der Hund kriecht unter den Beinen seines sitzenden Menschen oder einem Stuhl hindurch. Bei diesen Übungen streckt der Hund gleichzeitig die Vorderbeine, die Hinterbeine sowie den Rücken. Um die Vorderbein- und Schultermuskulatur zu dehnen, eignen sich Übungen wie „Give 5", aber auch das Geben der linken oder rechten Pfote oder der „Diener". Eine weitere Übung wäre außerdem: Der Hund stellt sich auf die Hinterbeine und stützt sich dabei mit den Vorderpfoten am Menschen

Das sind tolle Übungen zum Aufwärmen des Hundes: eine Acht durch die Beine laufen (a), High Five (b), oder Diener (c).

ab oder stellt seine Vorderbeine auf einen Stuhl. Bei den Bewegungen im Kreis, ob links oder rechts herum, wird die äußere Muskulatur gestreckt. Auch der Beinslalom oder das Rückwärtsgehen können beim Aufwärmen sinnvoll genutzt werden.

Zum Abschluss des Aufwärmens sind dann noch kurze Sprints, niedrige Sprünge und Zerrspiele mit dem Hund möglich, aber der Hund sollte sich dabei nicht zu arg auspowern.

Nach dem Training ist es für viele Hunde eine wahre Wonne, sich im Wasser abzukühlen.

Ebenso wichtig ist ein Cool-down nach dem Training oder Wettkampf. Hier sollte dem Hund durch langsames Traben und Gehen die Zeit für das Abkühlen ermöglicht werden. Dabei geht man mit dem Hund eine kurze Strecke, bis die Atmung wieder im Normalzustand ist und er sich entspannt hat. Danach kann man mit Massagen dem Hund etwas Gutes tun.
Bei warmem Wetter sollte der Hunde vor Überhitzung geschützt werden. Zur Abkühlung kann man dem Hund auch ein kleines Bad in einem Wasserbecken gönnen.

TIPP!

Mittlerweile bieten sehr viele Vereine und Hundeschulen Workshops oder Seminare mit Hundephysiotherapeuten an. Dadurch hat man die Möglichkeit, sich das Warm-up und Cool-down richtig anzueignen.

Es ist auch eine tolle Idee, mit der ganzen Mannschaft solch ein Seminar zu besuchen. Oder man veranstaltet direkt bei sich auf dem Trainingsplatz selbst ein Seminar und ladet dazu einfach den Profi ein.

Schutz der Zähne

Im Training sollte auch immer an die Belastung der Zähne bzw. des Zahnschmelzes der Hunde gedacht werden. Bei einem Filzball, zum Beispiel einem normalen, drucklosen Tennisball, ist es besonders wichtig, ihn sauber zu halten. Da sich im Filz Dreck und Sand ansammeln, sollte der Hund den Ball nie als Dauerspielzeug bekommen. Denn durch das Zusammenspiel Filz, Sand, Dreck, Hundespeichel und Dauerkauen wirkt der Filzbelag wie Schmirgelpapier auf die Zähne bzw. den Zahnschmelz. Daher sollte darauf geachtet werden, dass der Filzball immer so sauber (eventuell in der Waschmaschine waschen!) wie möglich ist und der Ball wirklich nur als Apportel benutzt wird. Dadurch, dass der Ball nur getragen wird, kann auch nichts schleifen.
Außerdem sollte auch auf die Materialzusammenstellung des Filzbelages geachtet werden. Bitte keine Bälle mit Glasfaserbestandteilen im Filz benutzen! Auch bei „normalen" Tennisbällen gibt es verschiedene Filzbeläge. Dieser Belag sollte idealerweise wie auch bei speziellen Hundebällen aus einer Mischung von Wolle, Baumwolle und Nylon bestehen.

Im Gegensatz zum Tennisball reicht beim Gebrauch von Bällen aus Moosgummi und ähnlichen Materialien schon ein feuchter Lappen aus, um sie zu säubern. Da bei diesen Bällen kein Filz vorhanden ist, kann demzufolge damit auch kein

Nicht nur Tennisbälle, sondern auch Bälle aus Moosgummi oder ähnlichen Materialien sind beim Flyball erlaubt.

Schmirgeleffekt entstehen. Bei Moosgummibällen können aber mit der Zeit kleine Löcher vom Zahnabdruck entstehen und somit vom Hund leichter angeknabbert werden.

Bei harten Vollgummibällen entsteht beim Fangen ein größerer Druck gegen die Zähne als bei weicheren Ballarten. Auf keinem Fall sollte der Hund mit einem Ball – egal welcher Art – allein gelassen werden, da schnell Teile von zerstörten Bällen verschluckt werden können!

Ruhepausen

Da Flyball ein Hundesport mit Action ist und der Hund schnell unter Stress (Adrenalinausschüttung), wenn auch positiven Stress, geraten kann, ist es wichtig darauf zu achten, dass der Hund genügend Ruhepausen bekommt. Damit der Hund bei einem Turnier – beim einzelnen Hund wenn nötig auch beim Training – so richtig zur Ruhe kommt, ist es ratsam, den Hund in seiner Box abzulegen. Diese sollte dann natürlich nicht direkt am Parcours stehen. Der Hund soll sich richtig entspannen und wieder „herunterkommen“. Denn Dauerstress ist nicht gut. Um die Adrenalinausschüttung positiv zu nutzen, ist es daher ganz wichtig, dem Hund immer genügend Ruhephasen zu gönnen.
Auch eine gute Ernährung, die dem Trainingsstand angepasst ist, trägt dazu bei, dass es dem Hund beim Flyballspielen gut geht.

Belastung des Menschen

Die Fitness beim Hundeführer kann fast außer Acht gelassen werden, da der Hund die meisten körperlichen Aufgaben hat. Der Hundeführer rennt meistens nur die kurze Strecke vom Startpunkt bis zur Startlinie und wieder zurück zum Anfeuern des Hundes mit. Dabei kann es dann auch mal dazu kommen, dass der Mensch sich einen Fuß verdreht oder Ähnliches passiert. Daher gilt auch für den Hundeführer: Aufwärmen nicht vergessen.
Beim übereifrigen Hund kann es vorkommen, dass er nicht ins Motivationsspielzeug beißt, sondern vor Aufregung auch schon mal in die Hand des Hundeführers. Kommt so etwas häufiger vor, sollte das auf jeden Fall abtrainiert werden.
Die größte Belastung beim Menschen erfahren meist seine Stimmbänder. Dadurch, dass die Hunde oft lautstark angefeuert werden, kann es vorkommen, dass der Hundeführer nach einem Turnier (beim Training eher weniger) heiser wird.

Flyballtraining

Bevor das Training startet, hier noch eine kurze Anmerkung: Viele Übungen im Flyball-Anfängertraining lassen sich so weit entschärfen, dass auch schon Junghunde ab einem Alter von etwa zehn Monaten mitmachen können. Es sollte dann allerdings immer daran gedacht werden, dass sich ein Junghund noch im Wachstum befindet. Daher darf das Training mit einem Junghund niemals übertrieben werden. Das richtige Sprungtraining sollte allerdings erst erfolgen, wenn der Hund ausgewachsen ist, also ab etwa zwölf bis 18 Monaten, je nach Rasse.

Das gesamte Flyballtraining soll nach Möglichkeit immer in einzelnen Schritten geübt werden. Die verschiedenen Übungen können zum Teil auch parallel trainiert werden. Das gesamte Anfängertraining kann in einer Art Stationslauf aufgebaut werden. So können mehrere Hunde gleichzeitig an den verschiedenen Stationen üben und keiner der Trainingsteilnehmer steht lange herum und muss warten, bis er an der Reihe ist. Außerdem hat dieser Aufbau des Trainings den Vorteil, dass die Hunde nicht zu lange an einer neuen Übung arbeiten und somit die Lust verlieren könnten.

Bis das so gut klappt, muss viel trainiert werden.

Die einzelnen Stationen vom Anfängertraining bis zum Turniertraining des fertigen Flyballhundes können zum Beispiel wie folgt aussehen:

1. Ballarbeit
2. Training der Schwimmerwende
3. Dummybox
4. Dummybox, Hürden, Ball
5. Hürdenarbeit
6. Flyballbox
7. Mannschaftsaufbau: Ablenkungs- und Wechseltraining
8. Turniertraining

Diese Übungen sollte an die Trainingsgruppen, also den Hunden und den Hundeführern, angepasst werden, daher kann bzw. sollte man natürlich hier variieren.

Die Ausrüstung

Bevor mit dem Training angefangen werden kann, braucht man natürlich die richtige Ausrüstung und das passende Equipment. Für das Anfängertraining wird dazu Folgendes benötigt:

- Motivationsspielzeug
- Bälle verschiedenster Art,
  vom normalen Tennisball bis hin zum kleinem Moosgummiball
- Balleimer, um die Bälle beim Training bzw. beim Turnier darin
  einzusammeln, damit sie immer schnell weggeräumt sind
- Pylone, Wendestange
  (flexible Stange wie zum Beispiel ein Weidezaunpfahl)
- Target
- Dummybox (siehe Erläuterung beim Trainingspunkt Dummybox)
- Dummybox-Bälle, das sind Bälle, woran Klettband befestigt wurde,
  damit sie besser an der Dummybox halten
- Begrenzung in Form von einem kleinen Stück Zaun,
  von Stühlen oder Ähnlichem
- Hilfshürde
- Maßband
- 2 x 25 Meter Schafszaun
- Flyballhürden, am Anfang reichen 4 Stück, später wären 8 Stück sinnvoll
- 4 bis 8 Weitsprunghürden
- Flyballbox
- große Heringe, um damit die Flyballbox gut zu fixieren

Hier sieht man ein Beispiel für eine Begrenzung mit Zaun.

Verschiedene Spielzeuge können als Motivation verwendet werden.

Ein Balleimer mit einem Loch im Deckel ist sehr praktisch, denn so kann der Hund keine Bälle klauen.

Dies sind verschiedene Hilfsmittel, die als Hilfshürden eingesetzt werden können.

Man kann auch einen Teil der Hilfshürden erhöhen, um den Hund so noch mehr dazu zu animieren, die Hinterpfoten schön hochzuheben.

Auch das sind wichtige Utensilien: Metermarken, Maßband, Stoppuhr.

Rohre vor der Flyballbox oder Dummybox dienen als Sprunghilfe; Rohre an der Seite dienen als seitliche Begrenzung.

Für das spätere Mannschaftstraining werden noch folgende Dinge zusätzlich benötigt:

- Stoppuhr
- Metermarken,
  um die Startpunkte von 1 bis 18 Meter vor dem Start zu markieren
- Videokamera
- eventuell den Backstop (siehe Seite 96),
  um turnier- bzw. praxisnah zu trainieren

Das Flyballgeschirr

Bei einem Flyballturnier darf der Hund nur mit einem handelsüblichen, nicht auf Zug gestellten Halsband oder mit einem Geschirr, was zu empfehlen ist, geführt werden.

Es gibt mittlerweile sogenannte Flyballgeschirre, das sind passgenaue, leichte Brustgeschirre, die auf dem Rücken eine Griffschlaufe haben, damit der Hundeführer den Hund einfacher am Start festhalten kann. Brustgeschirre sind den Norwegergeschirren vorzuziehen, da beim Norwegergeschirr der Brustgurt während des Überspringens der Hürden vor den Schulterblätter bzw. den Vorderläufen waagerecht hoch- und runterrutscht und den Hund dadurch im Sprung behindern kann.

Dieses Geschirr passt sehr gut und behindert den Hund nicht beim Springen.

Ballarbeit

Am Anfang wird erst einmal geschaut, ob der Hund überhaupt schon etwas mit einem Ball bzw. mit einem anderen Spielzeug anfangen kann. Kann der Hund allerdings schon apportieren, ist das natürlich ein Vorteil für das weitere Training. Wenn der Hund noch nicht apportieren kann, aber gern mit Spielzeug arbeitet oder mit Bällen spielt, kann man ihm das Apportieren schnell beibringen.

Falls er nicht apportiert, ist natürlich die erste Aufgabe für diesen Hund, das Apportieren zu erlernen. Kann er es noch nicht, wird das Training bei den nächsten Schritten nicht ganz so gut funktionieren.

Das Apportieren kann aber ruhig parallel zum restlichen Flyballtraining gelernt werden. Wichtig ist dann, dass

Für die meisten Hunde ist ein Zerrspiel mit einem Spielzeug eine beliebte Art der Belohnung.

Dieser Hund muss das Schnappen des Balls noch fleißig üben.

man dem Hund sofort beibringt, dass es für das Apportieren des Balls als Belohnung immer ein tolles Spiel mit dem Hundeführer gibt und dass das Spielen die eigentliche Motivation fürs Apportieren wird.

Unter Ballarbeit versteht man aber nicht nur das Apportieren des Balls, sondern auch das Schnappen eines Balls, und zwar aus verschiedenen Richtungen. Damit das Auge und die Reaktionszeit des Hundes geschult werden, soll der Ball nicht einfach nur in einem großen Bogen zum Hund geworfen werden. Es sollten auch kurze Würfe knapp vor der Schnauze des Hundes geübt werden, die mal von rechts, mal von links, mal von oben oder von unten kommen. Der Hund soll nämlich wissen, dass der Ball aus verschiedenen Richtungen kommen kann, und dadurch lernen, sich auf das Schnappen zu konzentrieren.

Viele Hunde haben gerade mit dem kurzen Schnappen ihre Probleme, aber gerade das wird später bei der Arbeit an der Flyballbox benötigt. So kann also bei diesen Hunden die Übung mit einem Kommando belegt werden, damit der Hund es einfacher hat zu verstehen, was von ihm erwartet wird.
Hierfür ruft man beim Werfen des Balls „Schnapp", damit der Hund weiß, dass er etwas schnappen soll. Bei den Hunden, die wirklich nicht schnappen können, sollte diese Übung natürlich nicht sofort mit dem kurzen Wurf beginnen, sondern man muss sich langsam vom weiten Wurf bis zum kurzen Wurf vorarbeiten. So hat der Hund genug Zeit, sich darauf einzustellen, dass er etwas fangen soll.
Das Schnappen ist eine Übung, die über das ganze Flyballtraining hinweg zwi-

DIE RICHTIGEN BÄLLE

Jede Mannschaft muss beim Turnier ihre eigenen Bälle mitbringen. Diese Bälle müssen auf jeden Fall wie Tennisbälle ihre Funktion erfüllen. Sie müssen also springen und rollen können wie ein normaler Tennisball auch. Dabei sind die Farbe und die Größe, die dem Hund angepasst sein kann, egal. Die Bälle dürfen aber nicht gelöchert sein.

schendurch immer wiederholt werden kann. Dabei ist es egal, ob es ein Anfängerhund oder ein Turnierhund ist. Auch kann damit die Wartezeit ein bisschen verkürzt werden. Das Üben des Schnappens darf auf keinen Fall zu lange erfolgen, damit der Hund nicht die Lust daran verliert.

Die Schwimmerwende

Bevor mit dem Training der „Schwimmerwende" (so nennt man die Wende, die der Hund beim Auslösen der Flyballbox ausführt, um dann den Ball zu schnappen) auf der Flyballbox angefangen werden kann, muss zunächst einmal geschaut werden, welche Drehrichtung der Hund bevorzugt. Da die Profi-Flyballbox zwei Löcher hat, stellt sich ja die Frage: Welches Loch bzw. welche Wendeseite nehme ich für meinen Hund?

Diese Frage kann schnell beantwortet werden. Man richtet sich ganz nach dem Hund. Denn auch unter Hunden gibt es den Rechts- oder den Links-Pfotenhund. Dabei reden wir hier in diesem Fall von der Lieblingsseite des Hundes, also die Seite, die der Hund bevorzugt gebraucht, wenn er sich dreht. Um diese Lieblingsseite herauszufinden, gibt es eine einfache Übung. Einige Hundebesitzer kennen aber vielleicht auch die Drehrichtung schon, die der Hund bevorzugt.

Bei dieser Übung ist es wichtig, dass der Hund apportieren kann, da sie sonst nicht gelingt. Man braucht dazu entweder einen Ball oder ein Spielzeug. Es sollte auf jeden Fall etwas sein, was der Hund gut apportieren kann. Nun wirft man den Ball etwa 5 Meter von sich weg und wartet, bis er ruhig auf dem Boden liegt. Dann erst schickt man den Hund los, um den Ball zu holen.
Wichtig ist dabei, dass der Hund nicht hinter dem Ball her rennt, sondern dass er den Ball apportiert. Der Hund muss wirklich warten, bis der Ball nach dem Wurf am Boden liegen bleibt, erst dann darf er ihn zurückholen. Daher sollte der Hund am besten am Geschirr festgehalten werden, damit er nicht vorher schon losläuft.

Wenn der Hund auf dem Weg zum Ball ist und ihn dann aufnimmt, sollte er gut beobachtet werden – nicht nur vom Hundeführer, sondern auch vom Trainer.

Zunächst hält man den Hund fest und wirft dann den Ball (a). Erst wenn der Ball liegt, schickt man den Hund zum Ball (b). Hierbei sollte man darauf achten, wie sich der Hund nach der Ballaufnahme für den Rückweg umdreht.

Wichtig ist jetzt zu erkennen, wie sich der Hund dreht, um zum Hundeführer zurückzukommen.

Diese Übung wird einige Male wiederholt. Dabei sollte man den Ball nicht immer nur gerade von sich weg werfen, sondern auch ruhig mal ein bisschen schräg nach links oder rechts. Dreht sich der Hund öfter in eine bestimmte Richtung bzw. fällt es ihm in einer Richtung leichter, dann hat man die Lieblingsseite des Hundes herausgefunden. Diese jetzt erkannte Drehrichtung wird nun für das weitere Training gebraucht.

IM UHRZEIGERSINN ODER NICHT?

Die meisten Hunde drehen sich im Uhrzeigersinn, nur wenige in die andere Richtung. Ein Beispiel dazu: Wenn ein Hund, egal wie und wo der Ball auch immer liegt, nur im Uhrzeigersinn zurückkommt, ist die Lieblingsseite dieses Hundes natürlich die rechte Seite. Der Hund lernt also die rechte Wende. Falls der Hund sich aber mal rechtsherum und mal linksherum dreht, kann diese Übung noch ein paar Tage an überschiedlichen Plätzen durchgeführt werden, um festzustellen, ob der Hund sich auf eine Richtung festlegt.

Wenn der Hund sich nicht festlegt, dann bestimmt der Trainer eine Richtung für den Hund. Etwas einfacher ist dabei im späteren Training die rechte Wende, da der Hund dann von der linken Seite des Hundeführers aus arbeiten kann. Es ist einfacher deshalb, weil der Hund die linke Seite schon aus der Unterordnung bzw. aus der Fußarbeit kennt.

Da wir jetzt die Lieblingsdrehung des Hundes kennen, kann mit dem Erlernen der Schwimmerwende begonnen werden.

Dabei gibt es zwei Methoden:

- Wendeübung mit Wendepunkt
- Wendeübung mit Wendeziel (Targettraining)

Wendeübung mit Wendepunkt

Hierbei kommt nun das erste Hilfsmittel zum Erlernen der Schwimmerwende zum Einsatz. Es wird dem Hund beigebracht, um eine Pylone oder eine Wendestange (eine flexible Stange wie von einem Schafszaun), den sogenannten Wendepunkt, zu umlaufen. Für Hunde, die auch Obedience trainieren, ist es ratsam, anstatt einer Pylone eine Wendestange zu nehmen, damit es beim Obedience-Training nicht zu Verwirrung/Verwechslung bei der Arbeit an der Box kommt.

Mit dieser Wendeübung lernt der Hund, später einmal auf Entfernung zu arbeiten, sich also vom Hundeführer zu lösen. Die Hauptaufgabe liegt aber darin, dem Hund mit dieser Übung das Erlernen der Wende/Drehung auf der Dummybox bzw. später auf der Flyballbox zu erleichtern, sprich bei der Schwimmerwende. Für die Übung an der Pylone bzw. an der Wendestange ist natürlich eine Motivation hilfreich, zum Beispiel ein Leckerli zum Führen. Die Arbeit mit einem Clicker macht nicht nur bei dieser Übung vieles einfacher und schneller.

Der Einfachheit halber wird im weiteren Text nur noch von einer Pylone gesprochen. Selbstverständlich kann anstatt der Pylone auch immer eine Wendestange verwendet werden.

Für die ersten Übungen kann der Hund mithilfe von Leckerlis um die Pylone geführt werden.

Bei den ersten Trainingsschritten mit der Pylone stellt man sich mit seinem Hund direkt davor. Dabei nimmt man den Hund entweder auf die Fuß-Seite, wenn er rechts herum drehen soll, oder auf die Hand-Seite (wie die rechte Seite des Hundeführers sonst genannt wird) für die Hunde, die die Wende links herum durchführen.

Nun wird der Hund für die ersten Übungen direkt mit Leckerlis oder Spielzeug um die Pylone herumgeführt. Bei Hunden, die den Clicker kennen, wird die Übung sofort mit dem Clicker aufgebaut.

Sobald der Hund verstanden hat, dass er sich um die Pylone drehen soll, wird für diese Übung ein Kommando eingeführt. Hier eignet sich am besten ein kurzes Kommando wie zum Beispiel „Rum“, „Wende“ oder auch „Pin“.

Am Anfang kann es für diese Übung hilfreich sein, die Pylone in einer Ecke aufzustellen, denn dann ist dem Hund schon ein Weg zum Laufen vorgegeben. Außerdem kann man dem Hund diese Übung erleichtern, indem der Hundeführer sich erst etwas schräg (sozusagen in einem flachen Winkel) vor die Pylone stellt, um dann später mit fortgeschrittenem Training immer etwas mehr mit der Pylone in eine Flucht zu kommen.

Ganz wichtig dabei ist es, dass der Hund immer ausgiebig gelobt und mit einem Spiel belohnt wird, wenn er zum Hundeführer kommt. Der Hund kann zwar auch in diesem Trainingsstadium weiter mit Leckerlis belohnt werden. Auf Dauer müssen die Leckerlis jedoch wieder abgebaut werden, da später auf einem Turnier im Flyballpar-

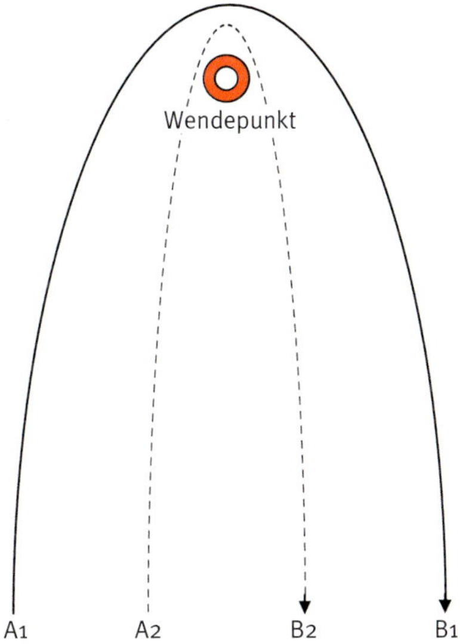

Der Wendepunkt kann eine Pylone oder eine Stange sein. Der Hundeführer positioniert sich zunächst bei A1 und schickt von hier den Hund los. Wenn dieser dann auf dem Weg zur Pylone ist, geht der Hundeführer schnell zu B1, um den Hund dort in Empfang zu nehmen. Später erfolgt die Übung von A2 nach B2.

Hier bekommt der Hund für das richtige Drehen ein Zerrspiel als Belohnung.

Der Hund dreht sich mit Schwung um die Pylone und um das Tempo zu erhöhen, wird er vom Hundeführer zusätzlich mit positiver Stimme dazu animiert.

Was zunächst ganz nah am Wendepunkt geübt wurde, klappt nun auch zügig auf Entfernung.

cours Leckerlis verboten sind. Daher ist es natürlich sinnvoll, so früh wie möglich von Leckerlis auf Motivationsspiele umzusteigen. Am besten eignen sich dazu sogenannte Zerrspiele. Dabei haben sich Tug-Toys bestens bewährt.
Diese Übung braucht nicht zu oft am Stück wiederholt zu werden. Am besten kann man diese Übung als Hausaufgabe mit nach Hause geben.

Wenn der Hund nach ein paar Übungen verstanden hat, was von ihm gewünscht wird, wenn er sich also direkt nach dem Kommando um die Pylone dreht, geht man dazu über, dass der Hundeführer sich weiter entfernt von der Pylone aufstellt. Die Entfernung zwischen Pylone und Hundeführer wird langsam gesteigert, sie soll nach und nach vergrößert werden. Wichtig ist bei der Pylonen-Übung, dass der Hund sich eng um die Pylone dreht, und zwar auch, wenn er diese Übung schon aus größerer Distanz durchführt.
Diese Übung sollte so lange trainiert werden, bis der Hund die Aufgabe auch aus etwa 15 Meter Entfernung sicher ausführt.

Wendeübung mit Wendeziel (Targettraining)

Man kann auch den Wendepunkt ohne die Wendestange aufbauen. Dazu bringen wir dem Hund mithilfe des Targettrainings bei, ein bestimmtes Target (= Ziel) mit den Pfoten zu berühren. Wie es schon in vielen anderen Sportarten wie zum Beispiel Agility angewendet wird, hat nun auch das Targettraining beim Flyball Einzug gehalten.
Oft wird nur noch mit dieser Methode dem Hund die Wende beigebracht, wobei bei einigen Hunden auch eine Kombination aus Wendestange und Wendeziel sinnvoll sein kann. Andererseits kann für ungeübte Hundeführer die Wendeübung mit Wendepunkt leichter sein als mit Wendeziel. Man muss also auch schauen, was einem selbst bzw. was dem Hund besser liegt.

Hier sind einige Beispiele dafür, wie ein Target aussehen kann.

Bei Flyball wird dem Hund das sogenannte Pfotentarget beigebracht: Er lernt, das Target, also den Zielpunkt, mit den Pfoten zu berühren. Der Zielpunkt muss ganz langsam in kleinen Schritten aufgebaut werden, bevor er beim Flyball als Hilfsmittel eingesetzt werden kann. Als Zielpunkt können verschiedene Dinge verwendet werden von Bierdeckeln, Deckeln von einer Eisdose über Topfuntersetzer bis zum Klebebandstreifen. Einfacher fällt es dem Hund, wenn er erst ein größeres Ziel treffen kann und man den Zielpunkt im Laufe des Trainings immer weiter verkleinert. Beim Flyballtraining wäre es gut, wenn der Hund schließlich einen Zielpunkt von der Größe eines Bierdeckels sicher treffen kann. Dieser Zielpunkt wird dann im späteren Training an der Dummybox angebracht.

Wie baut man nun das Wendeziel auf? Eine Methode kann es sein, zuerst dem Hund beizubringen, dass er mit seinen Vorderpfoten die Hand des Besitzers berühren muss, um an seine Belohnung zu kommen. Am Anfang kann man zur Hilfe in der Hand ein paar Leckerlis verstecken und füttert den Hund bei jeder Berührung direkt aus dieser Hand. Das wird der Hund ganz schnell lernen.

Klebebandstreifen wurden als Target an der Dummybox befestigt.

Der nächste Schritt wäre nun, das Ziel (Target) in die Hand zu nehmen und jetzt den Hund nur noch zu belohnen, wenn er das Ziel berührt. Wenn dies aus der Hand klappt, legt man das Target auf den Boden und belohnt nur noch

Der Hund trifft das Target in der Hand sofort und wird direkt dafür belohnt.

Der Hund muss das Target auf dem Boden suchen und zielsicher treffen.

die direkte Berührung des liegenden Ziels. Sobald der Hund dies verstanden hat, führt man für die Übung ein Kommando ein. Ist jetzt das Ziel mit dem Kommando verknüpft, übt man dies auch auf Entfernung und belohnt den Hund nur noch, wenn er schnell und zielstrebig zum Zielpunkt läuft und die Vorderpfoten darauf abstellt.

Die nächsten Übungen sehen dann so aus, dass der Hund schnell zum Zielpunkt läuft, das Ziel mit den Pfoten antippt, sich dann aber direkt wieder auf den Rückweg machen soll, um seine Belohnung abzuholen.

Training mit der Dummybox

Wenn die Wendeübung mittels Wendepunkt bzw. Wendeziel mit Kommando klappt, kommt das zweite Hilfsmittel zum Erlernen der richtigen Schwimmerwende zum Einsatz: die Dummybox.

Eine Dummybox ist eine größere Flyballbox (sieht fast aus wie eine kleine Agility-Schrägwand), allerdings ohne Mechanik. Das schräge Brett, also die Lauffläche, hat eine von Größe etwa 80 bis 90 cm in der Breite und 100 bis 120 cm in der Länge und lässt sich in der Neigung verstellen. Die größere Lauffläche erleichtert es den Hunden, die Schwimmerwende zu erlernen. An der Dummybox kann in späteren Trainingseinheiten auch der Ball an den in verschiedenen Höhen angebrachten Klettbandpunkten auf der Lauffläche befestigt werden.

Ziel dieses Trainingsabschnitts ist es, den Hund dazu zu animieren, mit allen vier Pfoten auf der Dummybox die Schwimmerwende durchzuführen. Hunde, die an der Dummybox trainieren, bevor sie an die richtige Flyballbox gehen, haben es später bei den Schwimmerwende-Übungen an der Flyballbox viel leichter. Da sie an der Dummybox erst auf einer größeren Lauffläche geübt haben, beherrschen

WICHTIG!

Der Hund wird nur belohnt, wenn er auch wirklich das Ziel berührt hat.

sie die Grundübungen der Schwimmerwende, die später dann nur noch auf die kleinere Flyballbox übertragen werden muss.
Da die Lauffläche der Dummybox in der Steilheit verstellbar ist, kann sie nun frühzeitig für die Wendepunktübungen verwendet werden. Dazu stellt man die Lauffläche bei den ersten Übungen auf die unterste Stufe, also im flachsten Winkel ein.

Hier ist die Lauffläche der Dummybox niedrig eingestellt.

Nun wird je nach Trainingsmethode entweder der Wendepunkt oder das Wendeziel mit der Dummybox verknüpft.
Bei den Hunden, die mit dem Wendepunkt geübt haben, wird vor der Lauffläche die Pylone mittig – etwa eine Hundelänge entfernt – davor aufgestellt. Der Hund kann die Übung Wendepunkt wie bisher durchführen, aber die Dummybox steht zum Kennenlernen schon mal dahinter.
Am Anfang der Übung Dummybox steht der Hundeführer mit seinem Hund erst wieder ganz nahe an der Pylone und kann sich dann mit der Zeit immer weiter davon entfernen.

Hier ist die Lauffläche der Dummybox steil eingestellt.

Wenn jetzt das Herumschicken des Hundes um die Pylone klappt, werden die Pylone und somit auch der Wendepunkt direkt an dem unteren Ende der Lauffläche positioniert. Nun wird die Übung wiederholt, wobei der Hund jetzt aber über die Lauffläche gehen oder laufen muss, um die Wendung richtig auszuführen. Außerdem wird der Hund jetzt automatisch an die schräge Fläche gewöhnt. Meistens bemerken die Hunde bei der niedrigsten Stufe nicht mal, dass der Untergrund nicht mehr gerade ist.
Bei Hunden, die mit dem Wendeziel geübt haben, geht es direkt an die Dummybox. Das Target wird einfach auf die flach gestellte Lauffläche in der Position an-

An dieser Dummybox kann im späteren Training auch mittels Klettband der Ball befestigt werden.

gebracht, in welcher der Hund seine Pfoten Idealerweise platzieren soll, um von diesem Punkt dann die Drehung durchzuführen und anchließend seine Belohnung beim Hundeführer abzuholen.

Wenn die ganze Übung mit flacher Dummybox klappt, wird die Dummybox nach und nach langsam von Übungstag zu Übungstag steiler gestellt. Dabei ist es ratsam, dass man die Seiten der Lauffläche zunächst einengt. Links und rechts kann etwas aufgestellt werden, um den Hund daran zu hindern, dass er sich beim Wenden um die Pylone bzw. nach dem Berühren des Wendeziels schräg, also zur Seite, von der Lauffläche weg bewegt.

Der Hund soll von Anfang an lernen, dass er auch auf dem Rückweg von der Dummybox bzw. später Flyballbox eine enge Wende laufen soll. Als

Bei dieser perfekten Schwimmerwende auf der Dummybox dient eine Stange als Hilfsmittel.

Hilfsmittel kann ein kurzes Stück Zaun dienen. Aber auch einfach zwei Stühle können zum Beispiel dafür verwendet werden, da es ja nur darum geht, dem Hund den Weg zu versperren.
Nun wendet der Hund auf einer nach und nach immer schräger werdende Fläche der Dummybox. Dann kommt der Punkt, bei dem der Hund nicht mehr so einfach auf die Dummybox laufen kann. Denn nun muss er schon langsam auf die Dummybox springen, um dann wieder abzuspringen, da er es sonst nicht schafft, sich um die Pylone zu drehen bzw. sein Wendeziel zu treffen.
So wird aus dem Überlaufen der Lauffläche ganz allmählich bei beiden Trainingsmethoden ein Springen.

Das Springen auf die Dummybox kann durch Einsatz eines weiteren Hilfsmittels noch mehr unterstützt werden. Beim jetzigen Trainingsstand kommen nun die Hilfshürden dazu, sodass vor der Dummybox die Pylone bzw. auf der Dummybox das Wendeziel und die Hilfshürden zusammen davor stehen. Die Einengung der Dummybox an den Seiten ist auch noch bei diesem Übungsschritt ratsam.

Die Hilfshürden werden in einer Linie mit der vorderen Kante der Lauffläche aufgestellt. Es gibt Hunde, die ohne Hilfshürde nicht springen. Sie versuchen, sich anders um die Pylone zu wenden. Oft bleiben sie mit den Hinterbeinen stehen und springen nur mit den Vorderbeinen auf die Dummybox und ziehen dann gekonnt die Hinterbeine hinter sich nach.
Durch den Einsatz der Hilfshürden bleibt dem Hund jetzt nichts ande-

Der Hund trifft das Target leicht auf der flach eingestellten Lauffläche.

Hier muss sich der Hund schon strecken, um das Target noch im Stehen zu treffen.

Der Hund trifft das Target und zeigt dabei eine perfekte Wende.

Hier springt der Hund mit Stange und Hilfshürde auf die Dummybox.

res übrig, als sich eng um die Pylone zu drehen und mit allen Pfoten auf die Lauffläche zu kommen. Dadurch, dass der Hund nun springen muss, bekommt er den richtigen „Dreh" und führt eine perfekte Schwimmerwende durch. Außerdem drückt sich der Hund so automatisch mit den Hinterpfoten von der Dummybox wieder ab und bekommt dadurch noch einmal einen kräftigen Schwung für den Rückweg mit.

Damit der Hund diese Übung langsam kennenlernt, sollte man erst wieder ganz vorne an der Dummybox üben und dem Hund Zeit geben, um das Neue zu verarbeiten. Wenn das Schicken um die Pylone bzw. zum Wendeziel mit den Hilfshürden perfekt klappt, kann bei dieser Übung wieder auf eine größere Entfernung hin gearbeitet werden.

Ab diesem Trainingsstand kann es sein, dass die Wendehilfe den Hund bei der Wende behindert. Gerade bei schnelleren und größeren Hunden, die eine ziemlich enge und flache Wende durchführen, ist das oft so. Bei diesen Hunden liegt der optimale Wendepunkt oft genau da, wo die Wendehilfe steht. Dadurch hat der Hund Probleme bei der Wende.
Lässt man die Wendehilfe weg, wird man sehen, dass der Hund die Fläche der Dummybox nun ganz nutzen kann und die Wende viel flüssiger durchführt. Es kann aber auch sein, dass der Hund nun versucht, gerade auf die Dummybox zu springen. Ist das der Fall, sollte man wieder die Pylone einsetzen, diesmal aber mit einem größeren Abstand zur Dummybox. So

hat der Hund mehr Bewegungsfreiraum am Wendepunkt und trotzdem die Hilfe der Pylone.
Da die Pylone ein größeres Volumen als eine Wendestange hat, kann natürlich auch mit der Wendestange weitergeübt werden. Als hilfreich hat sich auch bei diesem Übungsstand eine kleinere Pylone bewährt anstatt der bis jetzt verwendeten größeren Pylone.
Alternativ kann man auch eine „menschliche Pylone" verwenden. Anstelle einer Pylone steht nun ein Mensch vor der Dummybox und in dem Moment, in dem der Hund auf die Dummybox springt, macht dieser einen Schritt zur Seite, um den Hund so auf dem Rückweg Platz für seine Wende zu geben.
An dieser Stelle haben die Hunde, die mit dem Wendeziel geübt haben, einen kleinen Vorteil, denn bei ihnen steht beim Rückweg nichts im Wege.

Zunächst verdeckt die menschliche Pylone die Seite der Box, an welcher der Ball sitzt. Erst wenn der Hund auf die Box springt, wird der Rückweg freigegeben.

Dummybox mit Hürden und Ball

Wenn der Hund die Schwimmerwende beherrscht, kann das Training erweitert werden. Dabei gibt es zwei Möglichkeiten. Entweder nimmt man nun die Flyballhürden dazu oder der Ball kommt an der Dummybox ins Spiel. Man kann auch beides miteinander kombinieren.

Wenn zuerst die Hürden hinzukommen, konzentriert sich der Hund länger darauf, dass die Motivation beim Flyball immer das Spiel mit bzw. beim Hundeführer ist. Gerade wenn der Hund eher einer vom Typ „ballverrückt" ist, ist es von Vorteil, den Ball erst spät ins Spiel zu bringen, denn so konzentriert sich der Hund besser auf das, was er gerade macht bzw. er sieht nicht nur den Ball!

Wenn die Hürden zuerst zur Dummybox hinzugefügt werden sollen, sei hier noch darauf hingewiesen, dass die „reine" Hürdenarbeit schon während der gesamten Trainingszeit parallel geübt werden kann bzw. auch sollte (siehe die nächste beschriebene Übung). Dann funktioniert auch das Zusammenfügen von Dummybox und Hürden ganz einfach.

Die Dummybox wird mit der ersten Hürde kombiniert.

Da der Hund zum einen das Überspringen der Hürden und zum anderen die Arbeit auf Distanz an der Dummybox schon kennt, muss dies nur noch zusammengefügt werden. Dazu wird erst mit einer Hürde begonnen. Diese wird in einem Abstand von 4,57 Metern zur vorderen Dummyboxkante aufgestellt. Das ist dann auch sofort der spätere Originalabstand zwischen letzter Hürde und Flyballbox. Bei diesem Übungsaufbau können als weiteres Hilfsmittel der Schafszaun, wie er auch beim „separaten“ Hürdentraining zum Einsatz kommt, oder nur Teilzäune, die direkt neben den Hürden als Tore aufgebaut werden, verwendet werden. Die Dummybox sollte dann mit dem Schafszaun bis zu der ersten Hürde, später bis zur vierten Hürde eingezäunt werden.

Der Hundeführer stellt sich so zwischen Dummybox und Hürden, dass er direkt vor der Hürde steht. Nun schickt der Hundeführer seinen Hund los. Wenn der Hund auf dem Weg zur Dummybox ist, macht der Hundeführer den Rückweg für den Hund frei und schickt den Hund per Kommando über die Hürde zurück. Dies muss meist nur einige Male wiederholt werden, bis der Hund die Übung verstanden hat, nämlich dass erst die Dummybox kommt und dann die Hürde.

Der nächste Schritt sieht dann so aus, dass der Hundeführer sich hinter der ersten Hürde direkt vor die nächste Hürde stellt, damit der Hund auch genug Anlauf für den Sprung über die erste Hürde hat. Nun wird der Hund zum einem über die Hürde geschickt und zum anderen über die Hürde zurückgerufen.

Diese Übung wird so lange weiter aufgebaut, bis der Hundeführer mit dem Hund an der Startlinie vor den vier Hürden steht. Nun sollte der Hund von hier aus sicher zur Dummybox geschickt werden können. Ist das der Fall, kann man beginnen, den Schafszaun nach und nach weiter von den Hürden zu entfernen – aber nur Stück für Stück, das heißt, man stellt den Zaun seitlich immer etwas weiter von den Hürden weg. Nur der Trichter um die Dummybox bis zur ersten Hürde bleibt noch längere Zeit so stehen. Dieses Stück wird erst nach einer noch längeren Trainingsphase entfernt.

Der Hund zeigt einen tolle Wende auf der Dummybox ohne Pylone.

Hat der Hund den Dreh raus und macht dabei keine Anzeichen, neben den Hürden herzulaufen, kann man den Zaun ganz abbauen. Aber man sollte immer daran denken, dass bei einem Fehler des Hundes, egal ob auf dem Hin- oder Rückweg, der Zaun wieder aufgebaut werden sollte.

OHNE ZAUN

Dieser Übungspunkt funktioniert aber auch ohne das Hilfsmittel Zaun. In dem Fall müssen die Schritte jedoch viel genauer und langsamer aufgebaut werden, damit mögliche Fehler vermieden werden bzw. sich erst gar nicht einschleichen können.

Jetzt kommt der Ball ins Spiel – zwar immer noch nicht in der Flyballbox, dafür aber an der Dummybox. Der Ball wird mittels der Klettbänder, die sich auf der Dummybox an beiden Seiten befinden, an die Seite angeklettet, wohin sich der Hund dreht, also links oder rechts. Dadurch, dass das Klettband in verschiedenen Höhen angebracht werden kann, kann auch der Befestigungspunkt des Balls variiert werden.

Dies ist zum einen ein Vorteil für unterschiedlich große Hunde und zum anderem kann der Ball bei den ersten Übungsdurchläufen höher angeheftet werden, damit der Hund beim Apportieren des Balls auch ganz sicher die Schwimmerwende durchführt, bevor der Ball beim späteren Training in der Originalhöhe angeklettet wird. Das hat den Vorteil, dass der Hund auf jeden Fall auf die Dummybox springen muss, um an den Ball zu kommen.

Der Hund hat bei einer perfekten Wende den Ball abgepflückt und holt nun Schwung für den Rückweg.

Der Balllader muss immer ein Auge auf den ankommenden Hund haben. Falls dieser mal den Ball ohne Wende holen möchte, muss der Balllader schnell reagieren und den Ball wegnehmen.

Sobald der Hund später diese Übung mit großer Sicherheit beherrscht, wird der Ball dann immer etwas tiefer angeheftet. Dadurch führt der Hund dann von selbst noch mal einen kleineren Wendekreis aus, was ihm beim späteren Training auf der richtigen Flyballbox zugute kommt. Ganz wichtig dabei ist es aber, dass darauf geachtet wird, dass der Hund in dieser Trainingsphase immer die Schwimmerwende korrekt ausführt.

Angenommen, der Hund möchte hier nun mogeln, also zum Beispiel auf direktem Weg geradeaus auf den Ball zurennen, ist hier der Boxenlader (der ab jetzt ein wichtiger Teil des Trainings ist) gefragt. Dieser sollte dann im Idealfall schnell den Ball von der Dummybox wegnehmen. So hat der Hund mit seinem gemogelten Weg kein Erfolgserlebnis und kann somit auch nicht lernen, den Ball auf diese falsche Weise zu holen. Ansonsten hat der Hund schnell die vorherigen Übungen vergessen und er läuft lieber gerade auf die Dummybox zu. Und das ist ja nicht Sinn und Zweck des Trainings.

Wenn der Ball zum Einsatz kommt, steht der Hundeführer am besten mit seinem Hund in der Ausgangsposition etwa 1 Meter vor der Dummybox, damit der Hund schon sehen kann, wie der Ball angeklettet wird. Nun wird der Hund wie gewohnt mit entsprechendem Kommando für die Übung an der Dummybox losgeschickt, um dann zu schauen, was passiert. Führt nun der Hund die Wende aus, ohne dabei den Ball anzusehen, weiß man, dass der Hund auf jeden Fall das

Kommando der Wendeübung richtig verstanden hat. Bis jetzt bedeutete ja das Kommando „Wende“, mit allen vier Pfoten auf die Dummybox zu springen, um dann so schnell wie möglich zum Hundeführer zurückzukommen und sich dabei gleichzeitig mit den Hinterpfoten Schwung für den Rückweg zu holen.
Dabei hat sich der Kopf meist schon auf dem Weg zur Box in die Richtung des Rückwegs orientiert. Das soll heißen, dass, wenn alle vier Pfoten auf der Dummybox sind, der Kopf sich schon wieder so weit gedreht hat, dass der Hund den Hundeführer bzw. sein Motivationsspielzeug sieht. Falls der Hund also beim ersten Mal den Ball nicht mitbringt, ist es ganz normal, da er den Ball nicht gesehen haben kann, weil sein Kopf bzw. sein Blickfeld schon ganz woanders war.

Man sieht deutlich, dass der Hund bei der Wende den Ball nicht wahrgenommen hat.

Bei den meisten Hunden sollte es jedoch kein Problem sein, da der Hund den Ball wahrnimmt, sobald der Ball angeklettet wird. Das wird zumindest bei den Hunden der Fall sein, die wegen ihrer Liebe zu Bällen mit Flyball angefangen haben. Diese Hunde werden automatisch den Ball anschauen, wenn sie die Wende auf der Dummybox durchführen. Der Hund hat ja vorher gesehen, dass ein Ball an die Dummybox angeklettet wurde und weiß daher, dass da nun ein Ball ist. Was allerdings passieren kann, ist, dass der Hund den Ball nicht mitbringt, also nur den Ball anschaut oder bestenfalls versucht, den Ball mit der Wende mitzubringen, das aber vielleicht nicht klappt, weil der Hund zu schnell von der Dummybox abgesprungen ist.
Alles kein Problem! Der Hund lernt ab diesem Zeitpunkt etwas Neues, was halt nicht immer sofort klappt. Die neue Aufgabe besteht ja aus mehreren kleinen Punkten: erst den Ball wahrnehmen, dann in der Bewegung der Wende den angekletteten Ball aufnehmen und mit ins Ziel bzw. zum Hundeführer bringen.

Sollte der Hund es aber nach zweimaliger Wende auf der Dummybox immer noch nicht gemerkt haben, dass da jetzt ein Ball ist, ist es sinnvoll, dem Hund nun dabei zu helfen. Bei einem Hund, mit dem geclickert wird, könnte es wie folgt aussehen:

In beiden Fällen erfolgt Ballapport an einer flach gestellten Lauffläche der Dummybox.

Der Hund sieht nur kurz in die Richtung des Balls, click, dann sieht er länger hin, click, macht Schnauze auf zum Aufheben des Balls, click, usw. Das ist der Vorteil vom Clicker: Der Hund kann punktgenau belohnt werden und kommt so beim Erlernen neuer Aufgaben schneller voran.

Eine andere Möglichkeit der Unterstützung kann folgende sein: Wenn der Hund ein Kommando wie zum Beispiel „Bring“ für den Apport von Gegenständen oder Bällen kennt, kann dies auch bei dieser Übung benutzt werden. Zuerst gibt man das Kommando „Wende“ und sagt dann direkt „Bring“ hinterher. Jetzt müsste, wenn der Hund beide Kommandos richtig beherrscht, Folgendes passieren: Der Hund läuft richtig auf die Dummybox zu, um seine Schwimmerwende durchzuführen, gleichzeitig wird er aber überlegen und Ausschau danach halten, was er denn bringen soll.

Um dieses noch weiter zu unterstützen, kann der Boxenlader den Ball noch in der Hand halten und den Hund damit locken, wenn dieser zur Dummybox losgeschickt wird. Erst kurz vor dem Erreichen der Dummybox wird dann der Ball daran fest gemacht und eventuell noch mit der Hand auf den Ball gezeigt.

Am Anfang wird es oft noch ein wenig holperig und nicht fließend aussehen, wie der Hund die Wende mit gleichzeitiger Ballaufnahme durchführt. Je öfter diese Übung aber wiederholt wird, umso geschmeidiger klappt es dann auch. Zusätzlich kann die Dummybox erst wieder etwas flacher bzw. ganz herunter gestellt werden, also in einem nicht so steilen Winkel, wie es bei der richtigen Flyballbox der Fall ist. So kommt die ganze Übung noch mehr dem Apport eines Balls nahe und der Hund hat noch besser die Möglichkeit, die Wende mit der Ballaufnahme zu koordinieren.

Wenn der Hund diese Übung (Wende und Mitbringen des Balls) beherrscht, wird nun so lange trainiert, bis der Hund wieder die Schnelligkeit in der Schwimmerwende erreicht, die er hatte, bevor die zusätzliche Aufgabe, nämlich das Aufnehmens des Balls, dazukam. Diese Übung wird dann wieder langsam aus immer größerer Entfernung geübt, bis allmählich nach und nach die Hürden hinzukommen.

Die Ballaufnahme mit Wende an der Dummybox erfolgt sehr zügig.

Kann der Hund nun am Start stehen und über die vier Hürden zur Dummybox geschickt werden, führt er die Wende durch, holt dabei den Ball ab und kommt dann über die vier Hürden schnell zurück, geht es dann beim nächsten Trainingsschritt an die richtige Flyballbox. Ganz wichtig ist, dass in diesem Trainingsabschnitt darauf geachtet wird, dass der Hund den Ball auch richtig über die Ziellinie mitbringt.
Am besten ist es, wenn der Hund den Ball erst beim Hundeführer gegen seine Motivation tauscht. Dann passiert es auch nicht, dass er den Ball zu früh loslässt, und zwar eventuell sogar noch vor der Ziellinie. Im Wettkampf wäre das später ein Fehler. Außerdem lernt der Hund dadurch auch, dass er die ganze Arbeit/das ganze Spiel für eine Belohnung durchführt, die es nur beim Hundeführer gibt.

Hürdenarbeit

Die Hürdenarbeit wird parallel zur Dummybox- bzw. später auch zur Flyballboxübung trainiert, um dann am Schluss alles zu einem Ganzen zusammenzufügen. Am Anfang des Trainingstages kann man gut mit dem Hürdentraining beginnen, da der Hund dadurch schon etwas körperlich ausgelastet ist, wenn er sich nach kurzer Pause auf die Boxenarbeit konzentrieren muss.
Die Sicht des Hundes ist bei einer Flyballhürde eingeschränkt. Das Innenteil einer Hürde besteht aus ganzen Brettern und nicht nur aus einer Abwurfstange wie zum Beispiel bei Agilityhürden. Daher kann der Hund die andere Seite der Hürde nicht sehen. Einige Hunde müssen eventuell erst lernen, dass sie nichts Schlimmes auf der anderen Seite erwartet.
Der Hund muss später selbstständig und ohne Hilfe des Hundeführers die vier Hürden auf den Weg zur Flyballbox abarbeiten, um diese dann auszulösen und mit dem Ball über die vier Hürden zurück zum Ziel zu gelangen. Wie macht man es aber, dass der Hund auch über die Hürden springt und nicht daran vorbeiläuft? Wenn man die ganze Sache sofort richtig angeht, ist es für den Hund

einfach zu erlernen. Wichtig ist dabei, dass die Hürden immer mit dem richtigen Abstand zueinander aufgestellt werden. Außerdem sollte die Hürdenhöhe anfangs ganz niedrig eingestellt werden. Erst wenn der Hund gelernt hat, die vier Hürden sicher zu nehmen, wird die Hürdenhöhe langsam im weiteren Training auf die richtige Sprunghöhe der jeweiligen Hunde eingestellt.

Auch hier wird wieder in kleinen Schritten begonnen. So fängt man erst mit einer Hürde an, bis dann im weiteren Training die nächsten Hürden dazukommen, um am Ende mit allen vier Hürden zu üben.

Methode 1

Hierbei wird die Hürdenbahn mit Schafszaun (oder bewegliche Zaunelemente mit Standfüßen) an den Seiten abgegrenzt. Dadurch wird dem Hund beim Überspringen der Hürden der Weg vorgegeben. Somit kann er nicht an den Hürden vorbeilaufen und auch nichts falsch machen. Der Zaun ist daher ein einfaches und zugleich geniales und sehr wichtiges Hilfsmittel bei dieser Übung. Er wird links und rechts von der zu Beginn noch einzelnen Hürde so aufgestellt, dass der Hund keine Chance hat, an dieser vorbeizulaufen. Somit kann der Hund sofort gelobt werden, weil er die Aufgabe ja gleich richtig bewältigen kann.

Angefangen wird zunächst mit einer Hürde. Dazu setzt man den Hund vor der Hürde ab. Gut ist es, wenn der Hund dabei von einer Hilfsperson festgehalten wird. Dann geht der Hundeführer über die Hürde auf die andere Seite. Der Hund wird von dort über die Hürde abgerufen und dafür sofort freudig fürs Kommen

Mit voller Geschwindigkeit springt der Hund über die Hürden, um an seine Belohnung zu kommen.

Dem Hund ist es egal, wo der Zaun steht – er bleibt auf der Hürdenbahn.

belohnt. Springt der Hund sauber über die erste Hürde, kommt die nächste Hürde dazu. Nach diesem Schema kommen dann auch noch die dritte und vierte Hürde hinzu.

Wenn die Hürdenarbeit mit dem Hilfsmittel Zaun für den Hund gefestigt ist und man merkt, dass der Hund diese Übung verstanden hat, kann nun der Zaun abgebaut werden. Dafür wird der Zaun ganz allmählich immer weiter von den Hürden entfernt; man lässt also zwischen Zaun und Hürde nach und nach immer etwas mehr Platz, sodass der Hund die Möglichkeit hätte, an den Hürden vorbeizulaufen. Wenn jetzt der Hund aber immer noch auf direktem Wege über die Hürden läuft, kann der Zaun schließlich ganz abgebaut werden.

Falls der Hund trotzdem mal an den Hürden vorbeiläuft, sollte man zur Sicherheit wieder einen kleinen Schritt zurückgehen und den Zaun näher an die Hürden stellen, damit sich das Vorbeilaufen nicht als Fehler einschleicht und sich somit etwas Falsches festigt. Also lieber mal einen Trainingsschritt zurückgehen, damit es danach auch wirklich richtig sitzt.

Methode 2

Auch beim Hürdentraining gibt es verschiedene Methoden. Im Folgenden wird beschrieben, wie man auch ohne Zaun dem Hund das Überspringen der Hürden beibringen kann.
Angefangen wird mit einer Hürde. Dazu setzt man den Hund wieder ganz nahe vor der Hürde ab. Am besten wird der Hund dabei von einer Hilfsperson festgehalten. Der Hundeführer geht am Anfang über die Hürde auf die andere Seite.

Wenn der Hund über einen guten Grundgehorsam verfügt, kann man ihn auch hinter der Hürde warten lassen.

Dort steht er ganz nahe an der Hürde. Jetzt wird der Hund über die Hürde abgerufen und sofort freudig fürs Kommen belohnt. Da die Entfernung zwischen Hund und Hundeführer anfangs nicht groß ist, sollte der Hund eigentlich nicht an den Hürden vorbeilaufen und somit auch nichts falsch machen.
Diese Übung wird nun ein paar Mal wiederholt, bevor man den Abstand zwischen Hund und Hürde sowie Hürde und Hundeführer langsam vergrößert. Klappt das Überspringen einer Hürde mit Abstand, kommt die nächste Hürde hinzu. Auch jetzt wird der Hund erst einmal wieder nahe an der ersten Hürde abgesetzt. Der Hundeführer steht jetzt aber direkt hinter der zweiten Hürde. Dann erst wird der Hund abgerufen.
Diese Übung wird so lange wiederholt, bis der Abstand zwischen Hund und erster Hürde sowie zweiter Hürde und Hundeführer vergrößert ist. Nach diesem Schema folgen dann langsam die anderen beiden Hürden. Falls der Hund trotzdem mal an einer Hürde vorbeiläuft, sollte man zur Sicherheit wieder einen kleinen Schritt zurückgehen.

Bei dieser Methode dauert es zwar länger, bis man die ganze Hürdenbahn zusammen üben kann, aber wenn der Hund verstanden hat, was er machen soll, klappt das Hürdentraining damit meist besser, da der Hund sich von Anfang an die Hürdenbahn als Weg einprägen musste und nicht mit dem Hilfszaun über die Hürden geleitet wurde.

Wie bringe ich dem Hund nun bei, selbstständig über die Hürden zu laufen? Der Hundeführer geht zum anderen Ende der Laufbahn hinter die vierte Hürde. Am Anfang ist es sinnvoll, selbst über die Hürden zu steigen. Der Hund wird dabei

Was zuerst mit einer Hürde klappt, funktioniert nach weiterem Training auch mit zwei, drei und schließlich den vier Flyballhürden.

von einem Helfer festgehalten. Nun ruft der Hundeführer seinen Hund zu sich. Wenn der Hund einige Male über die Hürden gesprungen ist, findet er schnell seinen Sprungrhythmus, da die Hürden immer mit dem gleichen Abstand aufgestellt werden.

Hat er diesen Rhythmus verinnerlicht, kann dann auch schon wieder auf Schnelligkeit hin gearbeitet werden. Wichtig ist hierbei, dass man den Hund mit heller und freundlicher (positiver) Stimme abruft und selbst von der Mitte der Hürden

aus gerade wegrennt oder das Lieblingsspielzeug (Motivationsmittel) des Hundes im geraden Weg von den Hürden wegwirft.
Sinn und Zweck dieser Art des Abrufens ist: Der Hund versucht ganz schnell hinterherzukommen. Diese Übung lässt sich auch besonders gut zusammen mit allen Hunden der Flyballgruppe üben. Hierzu benötigt man zwei Helfer, und zwar an jedem Parcoursende einen. Der Helfer hält den Hund fest und der Hundeführer kann sich zum anderen Ende begeben und seinen Hund über die Hürden abrufen. In der Zeit, in der ein Hund läuft, kann der Helfer schon den nächsten Hund festhalten und dessen Besitzer zum Ende laufen usw. Wenn alle Hunde auf der anderen Seite angelangt sind, wird von dort aus der Parcours wieder zurückgelaufen.

Sind nicht so viele Helfer vorhanden oder soll die Hürdenübung noch gefestigt werden, gibt es noch folgende auch sehr empfehlenswerte Alternative: Ein Ball wird an der Stelle, wo später die Flyballbox steht, hingelegt. Nun wird der Hund über die vier Hürden zum Apport des Balls geschickt. (Wichtig: Nur mit Hunden üben, die das Apportieren schon gut beherrschen!) Damit der Hund nicht am Ende der Hürden ankommt und dann mit dem Ball auf und davon rennt, wird zur Hilfe der Schafszaun (siehe Grafik) so aufgestellt, dass dieser hinter der letzten Hürde einen großen Bogen von der einen Seite zur anderen macht. Dadurch bleibt dem Hund nichts anderes übrig, als über die Hürden zurück zu seinem Menschen zu gelangen.
Natürlich muss bei dieser Übung der Hund zuverlässig nach dem Rufen zurückkommen. Wenn er dies noch nicht beherrscht, ist es ratsam, das Herankommen erst separat zu üben, denn es ist ganz wichtig, dass der Hund zum Hundeführer zurückkommt. Obwohl der Hund beim Flyball leicht abgelenkt sein kann (zum Beispiel durch andere Hunde, Zuschauer usw.), sollte er jederzeit abrufbar sein.

Haben die Hunde erst einmal das Springen über niedrige Flyballhürden verstanden, geht man dazu über, mit der zur Größe der jeweiligen Hunde passende Hürdenhöhe weiter zu trainieren. Wenn in der Flyballgruppe viele Hunde sind, sollte zunächst geschaut werden, ob viele große oder/und kleine Hunde dabei sind. Es kann sinnvoller sein, die Hunde der Größe nach aufzuteilen, sodass für

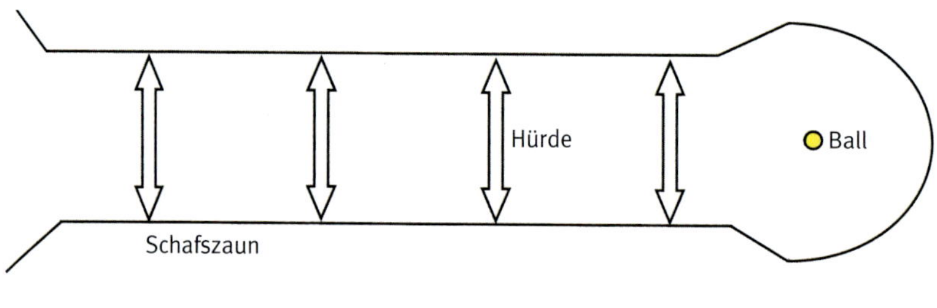

 Die Übung mit vier Hürden mithilfe des Schafszauns.

ABMESSUNGEN DER HÜRDEN

Die Abmessungen der Hürden und die Sprunghöhe sind für ein Turnier genau festgelegt, wie später noch beschrieben wird (siehe Seite 97f.). Die genaue Sprunghöhe für einen Wettkampf, die aufgrund der Größe des kleinsten Hundes errechnet wird (Schulterhöhe minus 12,5 cm), trainiert man aber erst später, wenn man weiß, welche Hunde in einer Mannschaft zusammen antreten.

das Hürdentraining die Flyballgruppen nach Größen eingeteilt werden: einmal trainieren die großen Hunde und danach die kleineren Hunde zusammen (oder umgekehrt). Dann ist es nämlich nicht nötig, ständig die Einschubbretter in die Flyballhürden rein- und rauszuschieben, um die passende Hürdenhöhe einzustellen. Empfehlenswert ist es dann, eine Hürdenhöhe auszusuchen, die für jeden Hund einer jeweiligen Hundegruppe kein Problem sein sollte.

Damit ältere Junghunde, die später auch Flyball trainieren sollen, an dieser Hürdenübung schon ein bisschen teilnehmen können, sollte man sich vier Bretter mit einer maximalen Höhe von 5 cm besorgen. Hier springt dann der Hund nicht über die Hürden, sondern er kann ganz normal darüberlaufen, lernt aber so schon die Seitenteile/-breite der Hürden und die Strecke kennen.

Sprunghöhenvergleich: Maximum 35 cm, Junghundhürde 5 cm, Minimum 17,5 cm. Ein großer Hund muss höher als ein kleiner Hund springen. Da ein Junghund noch nicht springen sollte, kann er einfach über eine Spezialhürde laufen.

Die richtige Sprungtechnik

Bei einem guten Hürdentraining ist auch die richtige Sprungtechnik ein ganz wichtiger Punkt, daher wird die Sprungtechnik separat beschrieben. Eine gute Sprungtechnik macht es dem Hund einfacher, über die Hürden zu kommen, denn er braucht sich nicht so anzustrengen und hat es dadurch viel leichter. Kraft und Energie des Hundes werden so gespart. Ganz nebenbei verbessern sich auch die Laufzeiten der Hunde.
Wenn ein Flyballhund springt, sollte seine Sprungtechnik sozusagen an das Rennen des Hundes erinnern. Bei einigen Hunden fehlt es an dieser Technik bzw. sie kann verbessert werden. Es gibt mehrere Ideen dazu, um den Hunden zu helfen, eine andere Sprungtechnik zu erlernen.

Sowohl der große (a) als auch der mittelgroße (b) Hund zeigen die In-Out-Sprungtechnik.

Die In-Out-Sprungtechnik

Generell können alle Hunde, die mittelgroß bis groß sind, die In-Out-Sprungtechnik. (In-Out-Sprungtechnik = Landepunkt gleich Startpunkt, der Hund geht mit einem Satz über die nächste Hürde) beherrschen. Der Hund macht es eigentlich von selbst, also von Natur aus. Er checkt den Abstand zwischen den Hürden ab und wird so springen, wie es für ihn am einfachsten und leichtesten sein wird. Um dies flüssig zu erledigen, wird er ohne Zwischenschritte über die Hürden springen. Der Hund wendet von selbst die In-Out-Sprungtechnik an.
Es gibt aber auch Hunde, die – obwohl sie groß genug sind – die eben genannte Technik nicht von sich aus richtig nutzen bzw. anwenden. Dadurch erschweren sie sich selbst das Springen. Genau bei diesen Hunden ist es sinnvoll, die In-Out-Technik zusätzlich zu trainieren.

Der Sprung eines Hundes kommt einem Bogen gleich: Absprung – im Bogen über die Hürde – Landung. Dabei gibt es Hunde, deren Sprungbögen höher sind, als es für das Hindernis erforderlich wäre. Diese Hunde

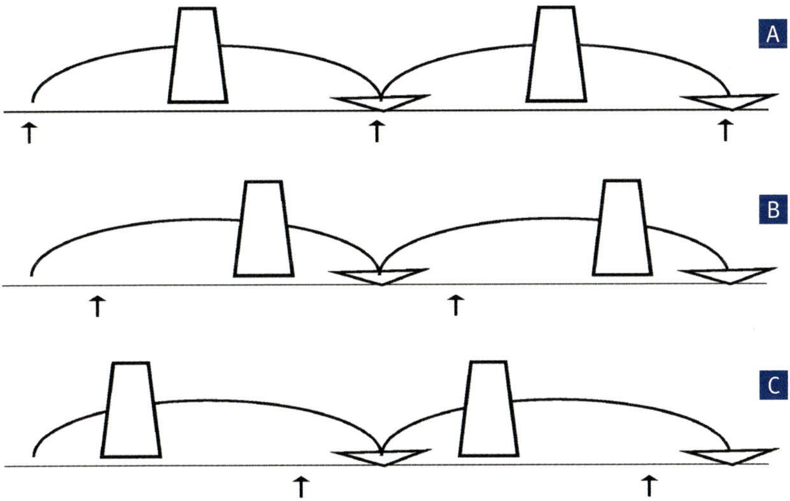

Verschiedene Sprungbögen im Vergleich. Die Pfeile zeigen jeweils den Idealpunkt an.
A: *Idealer Absprung – der Hund kommt am günstigsten Punkt auf.*
B: *Zu frühes Abspringen – der Hund kommt direkt hinter der Hürde auf und hat dadurch einen langen Weg bis zur nächsten Hürde.*
C: *Zu spätes Abspringen – der Hund kommt kurz vor der Hürde auf und neigt dann dazu, die Hürde zu streifen bzw. umzukippen.*

verschwenden nicht nur ihre Kraft und Energie, sondern der Landepunkt ist oft dadurch so ungünstig, dass sie nicht den richtigen Absprungpunkt, der genau zwischen den Hürden liegt, erreichen. Deshalb muss sich nun der Hund enorm anstrengen, um über die nächste Hürde zu kommen. Dabei kann es passieren, dass der Hund die nächste Hürde mit den Hinterbeinen streift. Solche Hunde werden dann Hürdenkiller genannt, da bei ihnen die Gefahr besteht, dass sie bei jedem Sprung die Hürde umstoßen.
Um dies zu vermeiden, werden ihnen das weite und flache Springen und nicht der hohe Bogen beigebracht. Diese bessere Sprungtechnik kann man mit dem Hund trainieren, indem er das weite Springen übt. Durch die Weitsprungübung lernt der Hund weite und flache Sprungbögen.

Die Weitsprungtechnik

Der Hund kann Entfernungen selbst einschätzen. Die Weitsprungtechnik hilft ihm außerdem dabei, dies besser in die Tat umzusetzen. Am besten wird mit einem Weitsprung begonnen. Dazu kann man entweder eine Weitsprunghürde aus dem Agility benutzen oder aber eine Flyballhürde mit Hilfshürde. Bei der letzteren Variante wird die Hilfshürde erst einmal in einem Abstand von etwa 15 cm vor die Flyballhürde gestellt.

Bei diesem kleinen Hund wird der Weitsprung mit der vor der Flyballhürde aufgestellten Weitsprunghürde verbessert.

Nun wird der Hund von einem Helfer festgehalten, sodass er über die Hürde abgerufen werden kann. Dadurch springt er in einem flotten Tempo. Sobald der Hund beim Hundeführer angekommen ist, wird mit ihm gespielt, gespielt, gespielt. Dadurch wird nicht nur das Weitspringen, sondern auch gleichzeitig noch das Rückrufen des Hundes trainiert. Durch diese extra Motivation bekommen sogar Sprungmuffel wieder richtig Spaß beim Springen.
Bei dieser Übung sollte sich eine weitere Hilfsperson den Sprung über die Hürde anschauen. So wird erfasst, wo der Hund abspringt und wo er landet.
Hilfreich ist dabei der folgende Aufbautipp (siehe auch Grafik): Eine Stange als Markierung für den idealen Absprungpunkt wird etwa 1,50 Meter vor der Flyballhürde auf den Boden gelegt. Dann stellte man die Hilfshürde vor der Flyballhürde auf und legt eine weitere Stange für den idealen Landepunkt wieder ungefähr 1,50 Meter entfernt hinter der Hürde auf den Boden. Die Stangen sollten aber nicht in der Sprungbahn liegen, sondern seitlich versetzt, denn sie sind lediglich ein Hilfsmittel für den Beobachter, damit er den Sprung besser kontrollieren kann.
Die Hilfshürde wird im weiteren Training immer etwas weiter entfernt von der Flyballhürde aufgebaut, bis der Punkt erreicht ist, dass der Hund den idealen Sprungbogen ausführt. Von da ab ist es ganz wichtig, immer mit diesem Abstand zu üben.

Der Weitsprung über einer Hürde wird nun erst einmal gefestigt, bevor die Übung auf zwei Hürden erweitert wird. Es wird natürlich immer beobachtet, ob der Hund noch den richtigen Absprung schafft und alles flüssig aussieht. Die dritte Hürde

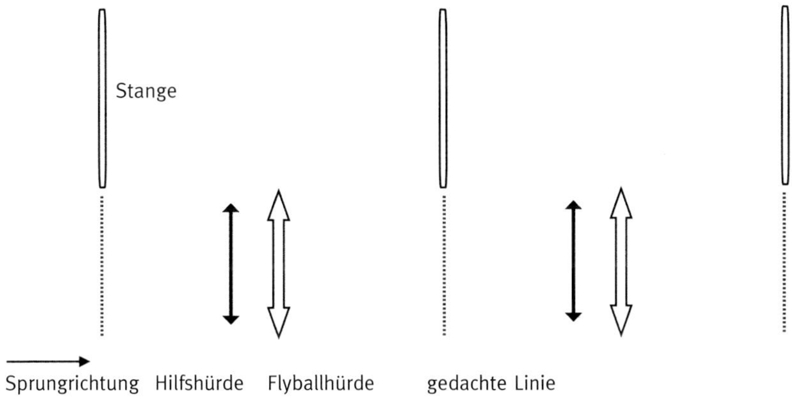

Aufbau für den Weitsprung.

und schließlich die vierte Hürde kommen nun Schritt für Schritt dazu. Dies sollte natürlich langsam aufgebaut werden.
Angenommen, der Hund schafft die In-Out-Technik bei der vierten Hürde noch nicht, dann arbeitet man erst wieder nur mit drei Hürden, bis die Sprungtechnik sich besser verinnerlicht hat.

Wichtig beim Gebrauch von Hilfshürden ist, diese nur vor den Flyballhürden aufzustellen. Dadurch sieht der Hund sie und kann den Abstand richtig einschätzen. Bis der Hund den geübten Sprungbogen beherrscht und von allein durchführt, kann schon etwas Zeit vergehen. Dann können aber die Weitsprünge weggelassen werden und der Hund sollte flüssiger über die Hürden springen als vor dem Sprungtraining.
Einige Hunde neigen dazu, nur die erste Hürde zu hoch zu überspringen und somit den Sprungbogen zu verschieben. Dadurch hat dann der Hund Probleme beim Überspringen der nächsten Hürde und streift sie gegebenenfalls. Auch hier kann das Weitsprungtraining helfen.

Es gibt aber auch noch eine andere Technik. Dabei wird die Hürde von oben eingeengt. Der Hund muss dadurch niedriger springen, um über die Hürde zu kommen. Das ist in etwa so wie beim Sprung durch einen Reifen. Ein Helfer könnte ein Brett über die Hürde halten. Falls kein Helfer da ist, kann ein dünner Reifen zum Beispiel vom Agility oder Ähnliches vor die Hürde gestellt werden. Dabei muss darauf geachtet werden, dass der Durchsprung nicht zu eng wird. Den Sprung über diese Hürde sollte man mit dem Hund aber erst einmal getrennt üben.
Bei einigen Hunden hilft es schon, nur vor der ersten Hürde einen Weitsprung aufzubauen, sodass der Hund sofort in die flache Sprungbahn kommt und in diesem Muster weiterspringt.

Wenn der Hund den Weitsprung beherrscht, reicht meistens ein Brett auf dem Boden als optische Hilfe für den Sprung aus.

Mit einer sogenannten Poolnudel lässt sich eine Hürde schnell von oben einengen.

Falls ein Hund vor allem auf dem Rückweg mit der In-Out-Technik Probleme hat, so kann hier auch die Weitsprungtechnik angewandt werden, um dies zu verbessern. Dabei sollte der Hund aber die Weitsprungtechnik kennen, damit er auch den richtigen Bogen springt. Ist das der Fall, wird daraufhin der Weitsprung nun hinter den Hürden aufgestellt, und zwar so, dass der Hund auf dem Hinweg zur Flyballbox auf keinen Fall auf dem Hilfsmittel landen kann. Eventuell muss aber auch nur eine Stange oder ein Einlegebrett von einer Flyballhürde auf den Rasen gelegt werden. Der Hund sieht nun auf dem Rückweg das Hilfsmittel und erinnert sich daran. Er lernt die Abstände besser einzuschätzen und somit wird er dann auch flacher und weiter springen.

Bei einigen großen Hunden, die eher über die Hürden stolpern als springen, kann das Stolpern auch daran liegen, dass die Hürden zu niedrig für sie sind. Diese Hunde versuchen einfach, über die Hürden hinwegzulaufen, was ihnen aber nicht so richtig gelingt. Für diese Hunde kann ebenfalls das Weitsprungtraining helfen bzw. die Hunde sollten dann erst mal ein paar Zentimeter höher springen.

Der Startpunkt

Bei der Weitsprungübung, aber auch sonst beim Training ist natürlich der Startpunkt vom Hund ganz wichtig. Dieser kann sehr unterschiedlich sein. Einige Hunde brauchen vielleicht 16 Meter zum Anlauf, um auf Höchsttempo zu kommen. Dagegen ist es für einen anderen Hund schon viel zu viel Anlauf und er stoppt, um Geschwindigkeit herauszunehmen. Es liegt schon ein wenig Kunst darin, den idealen Startpunkt zu finden.

Hier geht's mit Vollspeed zum Hundeführer, um die Belohnung abzuholen.

Mit der Zeit sieht und merkt man es aber, welcher Startpunkt der beste für den jeweiligen Hund ist. Man muss allerdings immer ein Auge auf jeden einzelnen Hund haben. Denn nicht jeder Hund ist in der Lage, die In-Out-Technik auszuführen, allein schon aus physischen Gründen. Es gibt einige Hunde, die recht groß sind und eigentlich eine In-Out-Technik beherrschen sollten, aber aufgrund körperlicher Eigenschaften nicht dazu in der Lage sind. Solch ein Hund kann es vielleicht nicht schaffen, auf seiner eigenen Hürdenhöhe ohne Zwischenschritte zu springen. Eventuell kann er das aber bei niedrigen Hürden. Daher wäre es für diesen Hund von Vorteil, wenn ein kleinerer Hund in seiner Mannschaft mitläuft.

Am Ende des Sprungtechniktrainings sei noch einmal gesagt: Wenn man die Sprunghöhe der Hürden erhöht, sollte die Erhöhung langsam in 2,5-cm-Schritten erfolgen. Erst wenn eine Hürde ganz sauber gesprungen wird, sollte sie weiter erhöht werden. Falls der Hund sich mit der neuen Höhe sehr schwertut, sollte

MOTIVATION UND KONDITION

Das ganze Weitsprungtraining ist ebenfalls gut mit dem Konditionstraining kombinierbar. Das Training für den Hund vertieft sich dadurch, dass der Hundeführer vom Hund wegläuft, während der Hund von einem Helfer festgehalten wird. Wenn man beim Laufen zwei Drittel der Hürdenbahn hinter sich hat, wird der Hund gerufen und der Helfer lässt den Hund starten. Durch das Weglaufen wird der Hund motiviert, schnell über die Hürden zu kommen, um sich seine Belohnung, also sein Motivationsspielzeug, zu holen. Mit diesem Training verbessert man erstens die Sprungtechnik, zweitens die Kondition und drittens die Motivation und den Blickkontakt zum Hundeführer.

Wenn der Hund schon beim Überspringen der Hürden seine Motivation sieht, geht es noch schneller.

man sofort wieder einen Schritt zurückgehen und noch einmal die alte Höhe trainieren. Es sollte immer erst auf Sicherheit trainiert werden, um dem Hund die Möglichkeit zu geben, die neuen Abmessungen kennenzulernen und sie zu verinnerlichen. Erst dann kann auf Geschwindigkeit hin trainiert werden.

Konditionstraining

Damit der Hund über eine gute Kondition verfügt, kann das Hürdentraining auch hervorragend zum Konditionstraining ausgebaut werden. Da beim Flyball der Hund die meiste Energie beim Überspringen der Hürden braucht, ist es daher natürlich von Vorteil, wenn gerade die dafür benötigten Muskeln, Bänder und Sehnen zusätzlich gestärkt werden. Die Hürdenarbeit sollte ein fester Bestandteil des fortbestehenden Trainings sein, damit man die Sprungkraft und die Kondition der Hunde aufbauen bzw. verbessern kann.

Für das Konditionstraining gibt es zwei schöne Übungen. Zunächst wird die Übung vorgestellt, die auch schon beim Anfängertraining mit zum Einsatz kommen kann. Der Flyballparcours wird zunächst ganz normal aufgebaut, also eine Flyballbox und die vier Hürden werden passend dazu aufgestellt. Nun setzt sich ein Helfer auf die Flyballbox und hält den ersten Hund fest. Der Hundeführer geht ans Ende der Hürden und ruft den Hund zu sich. Dort wird dann wie gewohnt mit dem Hund gespielt. Dies wird zweimal durchgeführt. Nun kommt eine weitere Hürde zu den vier dazu, sodass der Hund nun über fünf Hürden springen muss.

Eine gute Übung für das Konditionstraining ist das Springen über acht Hürden. Der Hundeführer muss danach wieder mit seinem Hund zum Startpunkt zurückgehen – und das natürlich mehrmals hintereinander. So kann er auch etwas für seine Fitness tun.

Dies wird dann im weiteren Konditionstraining auf bis zu acht Hürden aufgebaut. Ist man dann bei acht Hürden angekommen, werden die Hürden wieder nach und nach abgebaut. Also: 2 x 4 Hürden, 2 x 5 Hürden, 2 x 6 Hürden, 2 x 7 Hürden, 2 x 8 Hürden; dann 2 x 7 Hürden, 2 x 6 Hürden, 2 x 5 Hürden, 2 x 4 Hürden. Diese Anzahl der Sprünge sollen die Hunde natürlich erst nach ein paar Wochen im Training so üben. Gleichzeitig wird bei dieser Übung die Motivationsarbeit gestärkt, da der Hund sich immer länger auf seine Belohnung freuen kann.

WICHTIG!

Man muss hierbei die Ausgangskondition der Hunde bedenken, um sie ganz allmählich zu steigern. Also gut auf die Hunde achten und nicht bei dieser Übung die Hunde zu sehr auspowern! Gerade für dieses Hürdenkonditionstraining ist es sinnvoll, auf Dauer einen extra Trainingstag zusätzlich zum normalen Flyballtraining anzubieten.

Bei Hunden, die Flyball schon beherrschen, kann diese Übung noch weiter gesteigert werden. Dann sieht sie wie folgt aus: Der Hund läuft ganz normal zur Flyballbox über die vier Hürden und holt den Ball. Zur Belohnung wird dann wieder gespielt. Bei der nächsten Runde kommt dann eine Hürde dazu, sodass über fünf Hürden zur Flyballbox gesprungen wird, um den Ball zu holen, und dann wieder zurückgesprungen wird. Diese Übung kann dann langsam auf bis zu acht Hürden ausgebaut werden. Aber auch diese Übung sollte nur allmählich gesteigert werden, auch aus dem Grund, damit der Hund nicht die Lust verliert. Wenn diese Übungen regelmäßig trainiert werden, sollte der Hund auf jeden Fall über genug Kondition beim Springen verfügen.

Training mit der Flyballbox

Wenn bisher die Übungen gut geklappt haben, geht es an die richtige Flyballbox. Die ganzen Übungen werden nun von vorne neu aufgebaut, das heißt, dass die Grundübungen zum Erlernen der Schwimmerwende jetzt von der Dummybox auf die Flyballbox übertragen werden.
Die Flyballbox, die später jede Mannschaft selbst zum Turnier mitbringen muss, hat folgende Abmessungen: Sie darf maximal 61 cm breit, 46 cm hoch und 76 cm lang sein. Der Ball muss nach dem Auslösen der Box eine Flugstrecke von mindestens 60 cm zurücklegen. Diese Abmessungen müssen eingehalten werden, da ansonsten die Flyballbox nicht regelkonform ist.

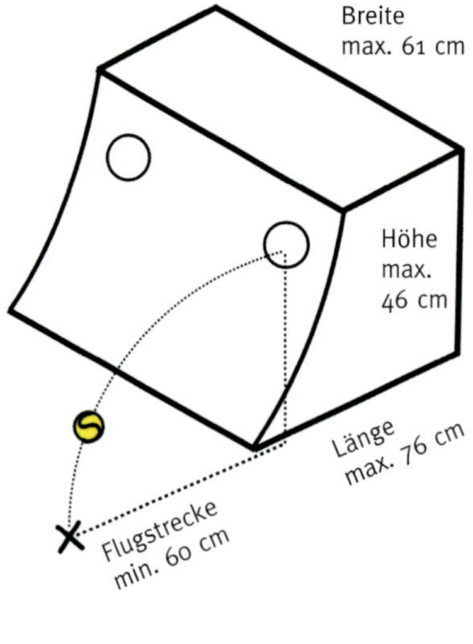

Die Flyballbox mit den vorgeschriebenen Abmessungen.

Hier noch ein wichtiger Hinweis zum Anfang des Trainings mit der Flyballbox: Nie den Ball einfach mal so in die Flyballbox stecken, vor allem nicht dann, wenn der Hund die Schwimmerwende noch nicht hundertprozentig beherrscht. Das ist ein fataler Fehler!
Denn wenn der Hund erst einmal gemerkt hat, dass er den Ball auch anders aus der Flyballbox herausbekommen kann als mit der Schwimmerwende, wird es schwer werden, den Hund davon zu überzeugen, erst die Wende durchzuführen, bevor er den Ball bekommt. Der Hund versucht nun lieber über den direkten Weg den Ball zu bekommen und das ganze bisherige Training kann umsonst gewesen sein bzw. man muss vielleicht von vorne anfangen.

AUSZUG AUS DEM REGLEMENT

Flyballbox Abmessungen: max. Breite 61 cm, max. Höhe 46 cm, max. Länge 76 cm. In diese Abmessungen ist der Wurfmechanismus inbegriffen, nicht aber ein eventuelles Trittbrett für die Balllader, um für stabile Standfestigkeit der Box zu sorgen. Verankerungssysteme/-materialien dürfen die Flyballbox nicht mehr als 1,27 cm erhöhen.
Ausgangspunkt bei der Konstruktion sind Sicherheit und Komfort für den Hund. Scharfe Kanten und Ecken sind zu vermeiden und eine ordentliche Verkleidung (Gummi, Schaumstoff) ist anzubringen.

Das kann auch das große Problem bei älteren Hunden sein, die noch die Bedienung der „alten" Flyballboxen ohne Schwimmerwende trainiert haben. Selbst nach langem Umtrainieren neigen diese Hunde dazu, die Schwimmerwende zu hinterfragen bzw. zu vermeiden. Außerdem kann sich der Hund ohne Ball auch besser auf seine Beine konzentrieren.
Daher werden nun erst wieder ohne Ball die Wendeübungen mit Pylone/Wendestange und Hilfshürde durchgeführt, bis diese Übungen auch auf der im Gegensatz zur Dummybox recht kleinen Trittfläche der Flyballbox richtig funktionieren.

Die Hilfshürde kann jetzt etwas anders vor der Flyballbox aufgebaut werden als es noch bei der Dummybox der Fall war. Die Hilfshürde wird zum Beispiel in einem weiten Winkel vor die Flyballbox aufgestellt, ähnlich wie ein Trichter. Der Abstand bzw. die Entfernung der Hilfshürde zur Flyballbox kann variieren. Das hängt aber sehr stark von dem Hund ab. Am besten probiert man aus, was für den einzelnen Hund der richtige Abstand ist. Richtig ist er dann, wenn der Hund alle vier Pfoten auf der Box hat und sich auf dem Rückweg mit den Hinterpfoten von der Box abdrückt. Bei großen Hunden ist der Abstand eher größer als bei kleinen Hunden. Das Gleiche gilt auch für schnelle bzw. langsame Hunde.

Sobald der Hund hier die eigentliche Wendeübung wieder richtig verstanden hat, also die Wende perfekt auf Kommando und auch auf Entfernung ausübt, kommt nun der Ball an (nicht in!) die Flyballbox. Im Prinzip erfolgen zunächst die gleichen Trainingsschritte wie bei der Dummybox auch.

Auf den Auswurfarmen der Flyballbox wird Klettband befestigt. So kann der Hund erst wieder lernen, den angekletteten Ball zu sehen, aufzunehmen und mitzubringen, ohne dass sich dabei der Ball in die Richtung des Hundes bewegt. Denn im Gegensatz zur Dummybox fliegt später der Ball aus der Flyballbox und ist nicht bewegungslos angeklettet. Erst wenn der Hund trotz angekletteten Balls die Wende sauber durchführt und den Ball dabei auch schön abpflückt, kann es wieder einen Schritt weiter gehen.

Trainingsaufbau an der Flyballbox: Wende ohne Ball (a); Wende mit Ball, der angeklettet war (b); Wende auf auslösender Box mit herausfliegendem Ball und Hilfshürde (c); Wende auf auslösender Box mit herausfliegendem Ball ohne Hilfshürde (d).

Die Flyballbox wird gespannt, sodass der Ball beim Auslösen der Box herausfliegt. Ganz wichtig dabei ist, die Flyballbox nicht einfach so zu spannen und einen Ball reinzustecken. Da der Hund die Flyballbox schon einige Male beim Erlernen der Schwimmerwende überlaufen hat, rechnet er jetzt nicht damit, dass der Ball aus der Box geflogen kommt. Der Hund schaut nun nicht nach dem Ball, sondern zum Hundeführer. Der Ball trifft dann den Hund entweder am Kopf, der Schulter oder dem Hinterteil – kommt ganz darauf an, wie schnell der Hund die Wende ausführt. Dieser Treffer kann dazu führen, dass sich der Hund ab diesem Moment weigert an der Box zu arbeiten, da er sich so erschrocken hat und diese Erfahrung als negativ einstuft. Nun müsste man mühevoll das Vertrauen des Hundes neu gewinnen und möglicherweise sogar ganz von vorne anfangen. So weit

muss es nicht kommen, wenn daran gedacht wird, nicht einfach so mal einen Ball in die Flyballbox zu stecken, um zu schauen was passiert.
Falls ein geräuschempfindlicher Hund zum ersten Mal die gespannte Flyballbox bedienen soll, sollte man lieber erst ein paar Mal in der Nähe des Hundes die Box auslösen und schauen, ob ihm das Geräusch etwas ausmacht. Bei den neuen Flyballboxen sollte das Geräusch allerdings kein Problem mehr sein, da sie doch schon sehr leise sind.

Bevor nun der Hund zum ersten Mal zur gespannten Flyballbox mit Ball geschickt wird, wird diese zunächst unter Beobachtung des Hundes vom Boxenlader ausgelöst. Am besten sitzt der angeleinte Hund dabei etwa 1 Meter vor der Box, sodass er alles beobachten, aber nichts tun kann. So kann der Hund sehen, dass der Ball aus der Flyballbox rausfliegt. Dies wiederholen wir noch ein- oder zweimal.

Da der Hund durch die Übung mit angeklettetem Ball gelernt hat, zuerst zum Ball zu schauen, wird der Hund nun beim nächsten Trainingsschritt keine Probleme haben zu erkennen, dass der Ball sich bei gespannter Flyballbox auf ihn zu bewegt. Wird der Hund nun um den Wendepunkt bzw. zum Zielpunkt geschickt, um den Ball zu holen, schaut der Hund schon nach dem Ball und wird seine Schnauze geöffnet haben, um den Ball aufzunehmen – ganz wie bei der Übung mit dem Klettband, nur dass diesmal der Ball in seine Schnauze fliegt.

Nachdem sich der Ball die ganze Zeit nicht von selbst bewegt hat, wird nun dem Hund gezeigt, dass der Ball nach dem Auslösen der Box herausgeschleudert wird.

Wenn der Hund den Ball fest in der Schnauze hat, wird er sofort zurückgerufen, damit er noch schneller von der Box abspringt.

In dieser Trainingsphase muss nun der Hund lernen, den Ball zu schnappen und festzuhalten. Das Ganze wird auch erst wieder auf Sicherheit erarbeitet, bevor es um Geschwindigkeit geht. Es ist aber ganz wichtig darauf zu achten, dass die Wende weiterhin durchgeführt wird. Ansonsten muss der Boxenlader sofort den Ball wegnehmen, damit der Hund sich nicht den Ball mit falscher Wende holen kann.

Dem Hund wird erst wieder mehr Zeit auf der Flyballbox gegeben, bevor er zum schnellen Rückweg motiviert wird. Also wird der Hund erst dann gerufen, wenn der Ball sicher in der Schnauze festgehalten wird (siehe Foto, der Hund hat den Ball fest in der Schnauze und drückt sich mit den Hinterbeinen zum Schwungholen ab). Sonst kann es passieren, dass der Hund zu schnell zurück möchte und sich dann keine Zeit beim Schnappen des Balls nimmt oder dass er den Ball schnell wieder verliert oder nicht richtig gepackt bekommt und diesen dann unter Umständen während des langen Rückwegs im Parcours verliert.

Oft zeigt sich auch zu diesem Zeitpunkt des Trainings, ob ein Hund überhaupt einen Ball auf kurzer, gerader Distanz schnappen kann. Es gibt Hunde, die sich damit etwas schwer tun. Mit diesen Hunden sollte daher zusätzlich das Schnappen des Balls geübt werden. Allerdings sollte man ihn nicht von oben auf den Hund herabwerfen, sondern schon in der Flugbahn, wie der Ball aus der Flyballbox auf den Hund zu fliegen würde.
Manchmal ist es auch hilfreich, sich die Größe der Schnauze des Hundes dabei anzuschauen. Ist vielleicht ein normaler Tennisball zu groß? Wenn der Hund seine

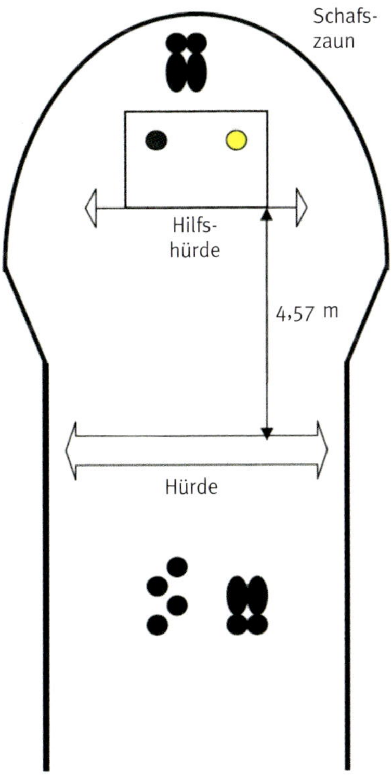

Die Übung für die Flyballbox zunächst mit einer Hürde kombiniert.

Der Ball wird dem Hund direkt vor der Schnauze zugeworfen. Wenn er so einen Ball fangen kann, dann klappt das auch an der Flyballbox mit dem Fangen des fliegenden Balls.

Schnauze zu weit aufmachen muss, um den Ball sicher zu fangen und zu packen, kann man ihm das Ganze viel angenehmer machen, indem ein kleinerer Ball verwendet wird.

Sobald der Hund nun den Ball zuverlässig mit Schwimmerwende von der Flyballbox abholt, kann man damit beginnen, das erhöhte Tempo zu trainieren. Dann werden wieder die vier Hürden nach und nach dazu aufgebaut.

Manchmal ist ein großer Ball nicht so leicht zu schnappen, wenn die Schnauze klein ist. Dann sollte man ausprobieren, ob es mit einem kleineren Ball besser klappt.

Bis der Zeitpunkt erreicht ist, dass der einzelne Hund nun „Flyball" beherrscht, sind sicherlich schon einige Wochen mit intensivem Training vergangen. Da Flyball aber ein Mannschaftssport ist, geht es nun mit den nächsten Übungsschritten weiter.

▲ *Die Flyballbox wird mit den Hürden kombiniert und mithilfe des Schafzauns wird dem Hund der Weg vorgegeben. Der Boxenlader kann zunächst den Hund mit dem Ball heranlocken; ist der Hund unterwegs, wird der Ball schnell in die Box eingespannt.*

Wenn neben der ersten Hürde links ▶ und rechts ein Stückchen Zaun steht, erleichtert man dem Hund die Übung.

Das Mannschaftstraining

Jetzt ist es an der Zeit, die Hunde in eine Mannschaft zu integrieren, also das Training mit anderen Hunden in der Mannschaft anzufangen. Dazu sollte der Anfängerhund schon sicher den Flyballparcours allein bewältigen können, und zwar am besten auch unter Ablenkung, die um den Parcours herum stattfindet. Erst dann ist es sinnvoll, mit dem richtigem Wechseltraining zu beginnen, da der Anfänger nun weiß, was Flyball ist und dies auch kann.

Ablenkungstraining

Daher sollte spätestens zu diesem Zeitpunkt an der Ablenkung gearbeitet werden, denn auf einem Turnier laufen zwei Mannschaften parallel zueinander. Die Übungen zur Ablenkung können daher auch schon frühzeitig erfolgen, wenn der einzelne Hund eigentlich sicher im Flyballparcours ist. Sinnvoll ist es aber auch, diese Übungen immer mal zwischendurch zu wiederholen, auch wenn als Mannschaft gelaufen wird.

Sind genug Hunde und auch das Equipment für eine zweite Bahn vorhanden, kann sogar auf Wettkampfebene trainiert werden. Man baut die zwei Hürdenbahnen – zunächst mit sehr weitem Abstand zueinander – auf. Der Abstand wird nach jeder Trainingseinheit schrittweise nach und nach auf Turnierabstand (der zwischen 4 und 6 Meter zwischen den Hürden variieren kann, wobei auf Turnieren je nach Turnierplatzgröße versucht wird, den maximalen Abstand aufzubauen) verringert. Bei dieser Übung wird der Schafszaun mittig parallel zwischen den zwei Hürdenbahnen aufgebaut, sodass kein Hund auf die andere Bahn gelangen kann.

Nun sollte der Hund bzw. im späterem Training die Mannschaft einige Male auf der linken Bahn laufen, danach wird auf die rechte Bahn gewechselt. Dabei sollte man genau darauf achten, wie sich jeder einzelne Hund verhält. Es gibt einige Hunde, die beim Bahnwechsel gern nach den vier Hürden zur Box der anderen Bahn laufen (dort, wo man vorher gelaufen ist). Der Hundeführer sollte dann versuchen, den Hund abzurufen, während der Boxenlader den Ball an der falschen Flyballbox blockiert, sodass der Hund keinen Erfolg für seine falsche Arbeit bekommt.

In diesem Fall kann zur Hilfe dann wieder mit dem Schafszaun im Bogen gearbeitet werden. Dieser wird einfach von der letzten Hürde bis zur Box im Bogen (wie schon bei vorherigen Übungen erklärt) aufgestellt, sodass der Hund nach dem letztem Hürdensprung nur zu seiner Box laufen kann.

Stellt man nun fest, dass beim Bahnwechsel einige Hunde Probleme haben, wechselt man die Bahnen nach jedem zweiten oder dritten Einzel- bzw. Mannschaftslauf. Das Ganze kann ruhig drei- oder viermal wiederholt werden. So bekommt der Hund die Ablenkung der anderen Bahn mal auf der linken und mal auf der rechten Seite mit.

WICHTIG!

Dreht der Hund auf der Box so, dass er den anderen Hund auf der anderen Bahn sieht, ist es für ihn natürlich eine größere Ablenkung, als wenn er sich zur anderen Seite dreht und er seinen Rücken dem anderen Hund zuwendet.

Wenn beim späterem Mannschaftslauf dann nicht mehr genug Hunde für die andere Bahn für eine Gegenmannschaft vorhanden sind, gibt es noch weitere Möglichkeiten für die Ablenkung, die geübt werden können. Diese können natürlich auch dann in Angriff genommen werden, wenn man auf zwei Bahnen läuft.

Man kann zum Beispiel mit einem angeleinten Hund in der Nähe der Box spielen, sowohl in der Richtung, in die der Hund auf der Box dreht, und auch auf der anderen Seite. Bälle kann man in die Nähe der Box rollen lassen, anderes Spielzeug hin und her werfen usw. Hierbei sind der Fantasie keine Grenzen gesetzt. Jeder Hundeführer kennt seinen Hund so gut, dass er genau weiß, was ihn am meisten ablenkt. Dies sollte dann ausprobiert werden.
Ganz wichtig ist es, diese Übungen nur durchzuführen, wenn der Hund ganz sicher beim eigentlichen Flyball ist. Dabei kann der Hilfszaun verwendet werden, sodass der Hund, falls er sich doch ablenken lässt, keine Chance hat, von der eigentlichen Bahn abzukommen.

So kann ein Ablenkungstraining bei der Arbeit an der Flyballbox aussehen.

Da bei einem Turnier mal eine Hürde umkippen kann, sollte das auch im Training geübt werden, denn wenn der Hund die Hürde im Turnier nicht überspringt, wäre es ein Fehler.

Der Boxenlader sollte ebenfalls ein- oder zweimal gewechselt werden, denn auch dies registrieren die Hunde und kommen nicht immer sofort damit zurecht. Sollte dies der Fall sein, ist es am besten, wenn der Hundeführer mit seinem „erstaunten" Vierbeiner an der Leine vor der Box vorbeiläuft, sodass der Hund sehen kann, wer da steht. Sollte keine zweite Flyballbox vorhanden sein, ist es sinnvoll, wenn sich jemand an die Stelle stellt, wo die Box der anderen Bahn stehen würde, und einfach einige Hundenamen laut ruft. Einige Hunde lassen sich dadurch ablenken, also auf die Reaktion der Hunde aufpassen! Fällt mal eine Hürde während eines Laufs um, sollte man sie einfach liegen lassen, sodass die Hunde darüberspringen müssen, denn auch das kann natürlich auf einem Turnier passieren.

Diese zuvor aufgeführten Übungen dienen der Ablenkung an der Flyballbox. Jetzt kommen wir zur **Ablenkung während des Hürdenlaufs** (auf zwei Bahnen). So kann zum Beispiel jemand an den Hürden vorbeilaufen, wenn der Hund gerade dabei ist, über diese zu springen, mit einem Hund an der Leine vorbeilaufen, Zuschauer imitieren, lachen und klatschen, mit einer Schubkarre hoch und runter fahren oder ruhig einmal einen Ball in die Hürdenbahn legen und schauen, was der Hund macht. Da bei einem Wettkampf zwischen den Bahnen das EJS (Elektronisches Jury System, dient der Messung und wird später noch erklärt) steht, sollte auch dies ruhig trainiert werden. Wenn – wie meistens der Fall – kein EJS vorhanden ist, tun es auch zwei Stühle übereinander oder eine Person auf einem Stuhl, damit der Hund auf einem Turnier nicht dadurch abgelenkt ist, weil da etwas steht, wo beim Training noch nie etwas gestanden hat.

Nun kommen wir zur **Ablenkung am Start** bzw. zu der Situation, wie der Start abläuft. Auf jeder Seite stehen vier Hunde mit ihren Hundeführern und warten manchmal etwas lautstark darauf, endlich ihre Aufgabe erfüllen zu dürfen. Nun geht es darum, wie viel Abstand die Starter zur gegnerischen Mannschaft haben (Parcoursabmessung).

Sollte keine andere Mannschaft zur Verfügung stehen, kann man anstelle derer auch ein paar Stühle hinstellen. Auch diese Enge bzw. den zur Verfügung stehenden Raum muss man sich bewusst werden lassen. So stolpert man nicht am Start

herum und kommt sich zum Beispiel beim Zurücklaufen auch nicht in die Quere. Als Ablenkung lässt man die Bälle ruhig einmal in der Startzone liegen, denn der neu zu startende Hund muss, obwohl bereits ein Ball mehr oder weniger direkt vor ihm liegt, zur Flyballbox laufen können. Natürlich ist es angebracht, dass der Balljunge alle Bälle ganz schnell einsammelt. Aber auf einem Turnier kann immer mal ein Ball während des Laufs liegen bleiben.
Die Anwesenheit eines Richters, also einer fremden Person, die beim Training im Normalfall nicht da steht, sollte man auch trainieren. Das heißt, dass da jemand in der Starterzone steht, der mit den Armen wedelt und langsam hin und her läuft. Dies ist nicht nur für die Hunde, sondern auch für die Besitzer sinnvoll, denn sie müssen lernen aufzupassen, wo der Richter steht und was er anzeigt.
Leider kann man das Wetter für Turniere nicht vorbestellen. Da bei bestimmtem Wetter ein Turnier durchaus auch mal in einer Reithalle stattfinden kann, sollte man, wenn möglich, auch mal ein paar Läufe in dieser trainiert haben. Für die Hunde und deren Hundeführer ist das schon etwas anderes als draußen im Freien. Auch der Platz ist dort meistens beengter.

Diese kleinen Übungen dienen dazu, dass der Hund lernt, sich auf seine Sache zu konzentrieren. Wichtig ist auf jeden Fall beim Ablenkungstraining, den Hund nur zu belohnen, wenn er richtig läuft und Fehler vermeidet. Lieber langsam die Ablenkung steigern, mit mehr Abstand und immer näher an die Bahn herangehen, als Fehler zu provozieren. Wie bereits mehrfach erwähnt wurde, ist jeder Hund anders, sodass vieles individuell geübt werden muss.

Der Hund lässt sich von spielenden Artgenossen an der Seite der Hürdenbahn nicht ablenken. Dies muss natürlich ganz langsam aufgebaut werden, wobei man darauf achten sollte, dass der Hund in der Hürdenbahn auch immer alles richtig machen kann.

Startaufstellung

Bevor es nun zum Wechseltraining geht, gibt es erst noch ein paar allgemeine Hinweise zur Startaufstellung. Die Startaufstellung der Mannschaft sollte gut geübt werden, denn sie kann dem Hund und auch dem Hundeführer in vielen

Hier kann man gut erkennen, dass – sobald der Starthund losgelassen wurde – sich der Hundeführer an die linke Seite stellt und so den Weg für das folgende Team freimacht.

Zu einer guten Startaufstellung zählt auch das Festhalten der Hunde. Welche Methode die passende ist, muss ausprobiert werden. Es sollte für Hund und Halter bequem sein und man sollte sich auf den Start konzentrieren können.

Punkten sehr hilfreich sein. Als Starter selbst wird das einem vielleicht gar nicht so bewusst, aber oft sind die Hundeführer den Hunden auf dem Rückweg im Weg, da sie vor der Start-/Ziellinie stehen bleiben und dort auf die Rückkehr ihres Hundes warten. Dadurch, dass der Hundeführer an der Startlinie stehen bleibt, versperrt er den Rückweg des Hundes. Daher bremsen die Hunde ab, weil sie nicht wissen, wohin sie laufen sollen. Und somit kann es auch vorkommen, dass Hunde deswegen die letzte Hürde auslassen.

Daher sollte sich eine Mannschaft am besten in Laufrichtung zur Flyballbox etwas seitlich rechts aufstellen. Nur der jeweils startende Hund befindet sich auf dem direkten und geradlinigen Weg zur Flyballbox (siehe Foto, der folgende Hund wartet seitlich versetzt).

Der Hundeführer läuft bis zu der Start-/Ziellinie mit. Hat sich der Hund auf dem Rückweg von der Flyballbox an der ersten Hürde richtig eingefädelt, sollte der Hundeführer nach hinten (weg vom Hund) rennen. Dabei sollte er auch ein wenig nach rechts herauslaufen und den Hund rufen, sodass der Hund ihm über die Hürden folgen kann.
Am Anfang kann der Hundeführer vom Hund auch rückwärts weglaufen. Auf diese Weise hat er den Hund immer im Auge, also unter Kontrolle. Diese Startaufstellung ist sowohl für den laufenden wie auch für den wartenden Hund sehr hilfreich, da bei der Methode den nachfolgenden Hunden keiner im Weg steht bzw. läuft. Während der erste Hund zur Flyballbox rennt und dessen Hundeführer an der Start-/Ziellinie angekommen ist, kann sich der nächste Hund mit Hundeführer von rechts kommend für den Start bereit machen.

Damit sich nicht alle Hunde und Hundeführer an einem Punkt an der Start-/Ziellinie aufhalten, sollte im späteren Training am besten der fliegende Start geübt werden. Dabei startet man nicht direkt an der Start-/Ziellinie sondern vielleicht aus 8 oder sogar 16 Meter Entfernung, das kommt ganz auf die Schnelligkeit des Hundes an. Dadurch entwirrt sich der Startbereich und es läuft viel geschmeidiger am Start ab.
So klappt es dann auch besser mit den Wechseln. Wenn der Hund gleichmäßig zurückrennt, ist es für den nachfolgenden Hundeführer einfacher sich zu merken, wann er seinen Hund starten lässt. Außerdem steht ihm keiner im Weg und versperrt ihm die Sicht. Ein anderer wichtiger Aspekt der geübten Startaufstellung ist: Wenn nicht alle vier aus lauter Vorfreude angespannten Hunde und vier nervöse Hundeführer auf einer Stelle stehen, kommt es nicht so schnell zu Reibereien unter den Hunden und Hundeführern, weil sich jeder besser konzentrieren kann.

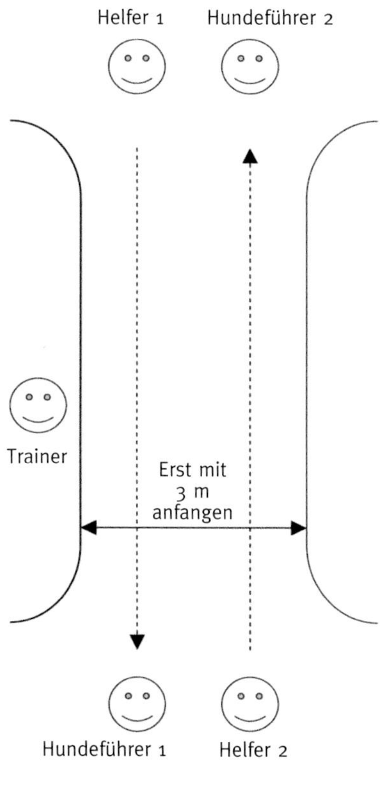

Beim Begegnungstraining beginnt man erst mit einer Bahnbreite von 3 Metern und verringert sie dann langsam auf 1 Meter.

Wechseltraining

Zunächst beginnt man aber erst einmal mit dem sogenannten Wechseltraining. Denn gerade der Wechsel ist das Nonplusultra eines jeden Laufs. Da kommt es auf das punktgenaue Wechseln der Hunde an der Start-/Ziellinie an, und das ist nun mal meistens Nase an Nase. Da sich die Hunde sehr nahe begegnen, sollte das immer wieder geübt werden. Das Wechseltraining kann in fünf verschiedenen Übungen aufgebaut werden. Bei diesen Übungen ist es ideal, wenn schon erfahrene Flyballhunde mitlaufen, da diese sich nicht von „Anfängern“ ablenken lassen. Falls aber keine „fertigen“ Flyballhunde da sind, sollte geschaut werden, ob in der Trainingsgruppe vielleicht an ihrer Stelle ein paar souveräne gelassene Hunde eingesetzt werden können.

Übungspunkt 1

Als Einstieg zum Wechseltraining ist das Begegnungstraining ideal. Dies ist auch schon für Hunde geeignet, die noch nicht den ganzen Flyballparcours beherrschen bzw. gerade erst mit Flyball angefangen haben. Es ist ein guter Anfang, um zu sehen, wie sich der Anfängerhund verhält, wenn ein anderer Hund in der direkten Linie auf ihn zurennt.

Beim Begegnungstraining fängt man zunächst mit einer 3 Meter breiten Gasse an, die dann je nach Trainingsstand enger gesteckt wird.

Hier kommt nun der Schafszaun wieder zum Einsatz. Zwei Zaunelemente werden im Abstand von 3 Metern parallel zueinander aufgestellt.

Für die folgende Übung benötigt man fünf Personen sowie zwei Hunde (am besten zwei Hunde, die sich ohnehin verstehen bzw. einen erfahrenen Flyballhund und einen Anfängerhund). An jedem Ende der Strecke stellen sich ein Hundeführer und ein Helfer auf. Nun werden die Hunde mit den Hilfspersonen am jeweiligen anderen Ende getauscht, sodass der Hundeführer seinen Hund mit viel „positiver Stimme" zu sich rufen kann.

Am besten ist es, wenn der Trainer ein Startkommando gibt, damit die Hilfspersonen die Hunde gleichzeitig loslassen können. Die Hunde laufen zu ihren Besitzern und begegnen sich dabei, haben dabei aber genügend Abstand. Wenn es ihnen zu eng wird, können sie sich noch aus dem Weg gehen bzw. ausweichen. Da die Bahn noch weit auseinander gesteckt ist, sollte diese Übung allerdings für die Hunde in diesem Moment kein Problem sein. Der Zaun wird dann allmählich immer etwas näher zusammengestellt, bis die Breite der Hürdenbahn, also ungefähr 1 Meter, erreicht wird. Wenn die Hunde bis hierhin keine Probleme damit haben, dass ein anderer Hund direkt auf sie zurennt, kann man zum Übungspunkt 2 übergehen.

Übungspunkt 2

Hierfür wird eine komplett aufgebaute Flyballbahn benötigt; sie wird zunächst auch wieder ganz mit dem Zaun begrenzt. Zusätzlich sollte der Zaun an der Startlinie links und rechts als weiter Trichter aufgebaut sein, damit der Hund die Hürden nicht umlaufen kann. Somit können sich erst gar keine Fehler einschleichen. Zuerst wird ein Anfängerhund von einem Helfer zwischen der ersten und zweiten Hürde zum Start hin schauend festgehalten, also erst in einer geringen Entfernung vom Hundeführer, da die Gefahr, dass der Hund woanders hin laufen möchte als zum Hundeführer, so geringer ist.

Der Anfängerhund wird mit dem Motivationsspielzeug über die Hürde gelockt.

Der erfahrene Flyballhund (am besten erst ein ruhiger Hund, später auch ein bellender Hund) steht auf der rechten Seite in Richtung Box schauend in der Nähe des Startbereiches. Nun wird der Anfängerhund vom Hundeführer über die Hürden abgerufen. Schaut der Hund dabei nur zum Hundeführer und nicht zum anderen Hund, wird er belohnt – entweder mit Leckerli oder mit seinem Spielzeug, eben mit seiner Motivation. Hierbei lernt der Hund, sich voll auf den Hundeführer zu konzentrieren, auch wenn ein anderer Hund in der Nähe im Startbereich ist. Bei dieser Übung kann natürlich auch hervorragend mit dem Clicker gearbeitet werden, da man dann den Hund noch besser im richtigen Moment bestätigen kann.
Diese Übung wird einige Male wiederholt. Wenn der Anfängerhund nicht zum anderen Hund schaut, wird diese Übung weiter ausgebaut, indem der Abstand zum Hundeführer immer mehr vergrößert wird.

Wenn es erst mal mit einer Hürde geklappt hat, klappt es auch mit zwei Hürden.

Der Anfängerhund steht dann erst zwischen der zweiten und dritten Hürde, danach zwischen der dritten und vierten und zum Schluss zwischen der vierten Hürde und der Flyballbox. Wenn diese Übung so weit klappt und der Anfängerhund sich nicht für den anderen Hund interessiert, kann diese Übung noch weiter gesteigert werden. Der erfahrene Flyballhund wird immer näher zur Startlinie hin positioniert, bis ein perfekter Wechsel erfolgt.

Übungspunkt 3
Wenn die vorige Übung bis hierhin beim Anfängerhund klappt und er sich immer noch nicht für den anderen Hund interessiert, kommt nun mehr Bewegung ins Spiel. Dabei wird der ganze Ablauf von der Übung 2 von vorne begonnen, nur diesmal bleibt der erfahrene Flyballhund nicht auf der Stelle stehen, sondern wird ganz normal zur Box geschickt. Wenn der Anfängerhund also nun auf seinem Weg über die Ziellinie gelaufen und fast beim Hundeführer angekommen ist, lässt man den Flyballhund los.

Hierbei sollte man natürlich erst wieder mit großem Abstand anfangen, der dann im fortgeschrittenen Training immer mehr verkleinert wird, sodass der Anfängerhund für seinen Rückruf vor der Flyballbox festgehalten wird und der erfahrene

Wenn der Anfängerhund bei der Motivation angekommen ist, darf der Flyballhund starten.

Schaut der Anfängerhund nicht zum anderen Hund, wird ausgiebig belohnt.

Flyballhund immer näher an dem Anfängerhund vorbeiläuft.
Diese Übung wird so lange wiederholt, geübt und gefestigt, bis der Anfänger- und der Flyballhund gemeinsam die Start-/Ziellinie überqueren.

Übungspunkt 4

Nun stehen der Anfänger- und der Flyballhund gemeinsam im Startbereich auf der rechten Seite. Der Anfänger wird ganz normal über den Parcours zum Ballholen geschickt. Ist der Anfänger mit dem Ball fast beim Hundeführer angekommen, wird jetzt der andere Hund losgeschickt.
Diesen zunächst noch großen Wechselabstand lässt man im Laufe des weiteren Trainings immer enger werden. Aber Vorsicht! Nicht zu schnell zu nahe herangehen, denn einige Hunde, besonders diejenigen, die noch etwas unsicher sind, lassen hier schnell den Ball fallen, da ein „stärkerer Hund" auf sie zukommt. Wenn man es bei diesen Hunden erst langsam angehen lässt, wird es mit der Zeit auch klappen.

Übungspunkt 5
Nun wird es immer spannender, denn beide Hunde, also der Anfänger- und der Flyballhund, stehen im Startbereich auf der rechten Seite. Dieses Mal wird der Flyballhund zuerst losgeschickt, so lernt der Anfänger auch den umgekehrten Wechsel kennen, nämlich dass er zuerst warten muss, bis er laufen darf, und dass auf ihn ein Hund mit Ball in der Schnauze zugerannt kommt. Wenn der Flyballhund über die Ziellinie zurückkommt und der Anfängerhund sich darauf konzentriert, seinen Ball von der Box zu holen und nicht nach dem anderen Hund schaut, wird dieser losgeschickt. Wenn er mit Ball zurückkommt, wird er belohnt. Den Anfängerhund sollte man nur loslassen, wenn er sich voll auf seine Aufgabe konzentriert.
Auch hier wird erst wieder mit großem Abstand begonnen, der nach ein paar Wiederholungen immer mehr verkleinert wird, bis zu dem Moment, in dem der Flyballhund und der Anfängerhund gemeinsam die Start-/Ziellinie überqueren.

Nun ist der Anfängerhund so weit, dass ihm zuerst ein Hund entgegenkommen kann.

Diese Übung ist für unsichere bzw. ängstliche Anfängerhunde meist am Anfang besser geeignet. Sie laufen zunächst an zweiter bzw. in der Mannschaftsaufstellung an der letzten Stelle. Dann kommt ihnen erst der Hund entgegen, der den Ball schon hat. Der etwas unsichere Hund will schnell zu seinem Ball und überwindet so seine Unsicherheit.

Diese Übungen sollten am besten mit verschiedenen Hunden trainiert werden, denn dann lernt der Anfängerhund, nicht nur auf einen bestimmten Hund am Start nicht zu reagieren, sondern es ist dem Anfänger später ganz egal, welcher andere Hund da am Start steht bzw. auf ihn zurennt. Außerdem sollten diese Übungen alle so weit klappen, dass der Anfängerhund im nahen Startbereich gestartet werden kann.

Es ist nun wichtig, den Hund auch von weiter weg starten zu lassen, denn nur so kann er sein volles Lauftempo beim Anlauf erreichen.

Der Hund wird beim Starten schon 8 Meter vor der Startlinie losgelassen.

Daher ist es auf Dauer sehr sinnvoll, bei den Übungen 3, 4 und 5 immer einen festen Startpunkt zu haben. Denn wenn einmal aus 6 Meter und beim nächsten Mal aus 10 Meter Entfernung gestartet wird, können der Hund und der Hundeführer sich nicht richtig auf den Wechsel einstellen, da der Hund zu unterschiedlichen Zeiten an der Startlinie ankommt. Wo dieser Startpunkt genau liegt, variiert stark von Hund zu Hund, in der Regel aber zwischen 8 und 16 Metern vor der eigentlichen Startlinie.
Mit diesen Übungen hat man auf jeden Fall den besten Grundstein für einen perfekten Wechsel gelegt.

Mannschaftsaufstellung

Laufen die Übungen schließlich gut ab, sind die Hunde dazu in der Lage, als Mannschaft beim Flyball anzutreten. Nun kommt die Zeit, an die Mannschaftsaufstellung zu denken.
Steht fest, wer zusammen in einer Mannschaft läuft, dann wird zukünftig auch so trainiert. Das heißt, dass auch auf der richtigen Hürdenhöhe trainiert wird, sodass sich die Hunde optimal darauf einstellen können.
Selbst wenn sechs Hunde für eine Mannschaft zusammen trainieren, wird es immer welche geben, die nicht an jeder Stelle in einer Mannschaft starten können. Sei es, dass der Hund trotz optimaler Vorbereitung immer noch mal gern den Ball fallen lässt, wenn ihm ein Hund entgegenkommt, oder dass er dem folgenden Hund hinterherlaufen möchte. Diese werden als Schlusshunde eingesetzt, da ihnen im Normalfall (also ohne Fehlerlauf) kein Hund mehr entgegenkommt.
Genauso gibt es auch Hunde, die man am besten an erster Stelle, also als Start-

Eine geordnete Startaufstellung: Sobald der erste Hund gestartet ist, rückt der folgende Hund auf. Der Hundeführer wartet immer zeitlich versetzt auf seinen zurückkommenden Hund.

hund, laufen lässt. Für einen leicht ablenkbaren Hund ist es häufig einfacher, ihn als ersten starten zu lassen, da ihm kein anderer Hund auf dem Weg zu der Box entgegenkommt und er auf dem Rückweg ja nur noch seine Belohnung im Sinn hat. Auch gibt es Hunde, die sich nicht besonders mögen, wie zum Beispiel Rüde und Rüde. Da ist es dann sinnvoll, immer eine Hündin dazwischen laufen zu lassen. So können auch Hunde in der Mannschaft antreten, die sich eigentlich nicht so gut vertragen.
Da jeder Hund anders ist, gibt es viele verschiedene Situationen und Trainingsmöglichkeiten, die man nicht alle aufzählen kann, sondern nur durch Probieren herausfindet.

Für die nächste Zeit hat jetzt erst einmal jeder Hund seinen festen Platz in der Mannschaft, der sich je nach Trainingsstand aber auch noch ändern kann. Nun geht man dazu über, eine disziplinierte Startaufstellung zu üben. Es ist am besten, wenn sich immer alle rechts bzw. hintereinander aufstellen und der Hund auf dem Rückweg auf der linken (entgegengesetzten) Seite angenommen wird, um hinauszulaufen. So rennt man sich nicht gegenseitig um und steht niemandem im Weg. Wurde die Aufstellung so mehrmals praktiziert, laufen die Hunde schon automatisch links heraus.
Bei allen diesen Übungen ist es besonders hilfreich, wenn jemand die Wechsel beobachten kann und mitteilt, wie viel Luft noch da war bzw. wie viel man zu früh gewechselt hat. Diese Infos sind für den Trainer wichtig, damit dementsprechend trainiert werden kann. Ist keine zusätzliche Person verfügbar, können die Wechsel ebenso mit einer Videokamera aufgenommen und später ausgewertet werden. So ist es möglich, die Wechsel zu optimieren. Das letzte bisschen, was vielleicht noch zum perfekten Wechsel fehlt, lernt man spätestens in der Turnierpraxis.

Das Turniertraining

Früher oder später kommt also der Zeitpunkt, an dem man überlegt, wann der erste Turnierstart in Angriff genommen werden soll. Vielleicht war die Trainingsgruppe schon mal bei einem Turnier als Zuschauer und es kribbelte dort die ganze Zeit in den Fingern. Am liebsten wäre man mit seinen Hunden gleich zum Start gegangen. Falls dann die Hunde im Training auch so weit sind, steht dem ersten Turnierstart eigentlich nichts mehr im Wege.
Als Erstes sollte dazu aus dem „Trainingshaufen“ eine Mannschaft geformt werden. Sofern sich nun die Mannschaft auch noch einen tollen Mannschaftsnamen überlegt, ist der Anfang eigentlich schon gemacht. Der Name sollte natürlich zur Mannschaft und deren Hunden passen. Anregungen für tolle Mannschaftsnamen gibt es reichlich, so zum Beispiel auf der deutschen oder der internationalen Rangliste. Dort kann man sehen, welche Namen es schon gibt, damit es nicht passiert, dass zwei Mannschaften den gleichen Namen haben.

HINWEIS!

Hat man immer nur auf Rasen trainiert, kann es für einige Hunde eine große Umstellung sein, in einer Halle zu laufen. Zum einen ist dort der Bodenbelag anders. Der lose Reithallensandboden zerrt meist mehr an den Kräften der Hunde und auf Gummiboden müssen die Pfoten extra behandelt werden, damit sie sich nicht wund laufen. Einige Hunde haben auch Probleme mit Sand an den Bällen. Sie mögen einfach keinen Sand zwischen den Zähnen und bringen daher den Ball nicht zuverlässig zurück. Ein großer Vorrat an Bällen kann dabei schnell Abhilfe schaffen, sodass fast für einen ganzen Turniertag saubere Bälle zur Verfügung stehen. Auch ist die Lautstärke in einer Halle größer, daher sollte man beim Start in der Halle an die Ohren denken und eventuell Ohrenstöpsel dabei haben.

Aus der Erfahrung heraus sollte der Name nicht zu lang sein oder etwas mit „Fly“ oder „Flying“ sein, denn davon gibt es schon reichlich. Mit einem schönen ausgefallenen Namen kommt es auch am Turniertag nicht zu Verwechselungen. Der Name ist dann sogar sehr hilfreich, da die Mannschaften immer aufgerufen werden, und zwar wenn sie sich für den Start bereithalten sollen, und dann noch ein weiteres Mal, wenn sie am Start stehen.
Falls es dann zum Beispiel heißt, die „Flying“ halten sich bereit und die „Flyings“ sind am Start, kommt man schon mal schnell durcheinander.

Dann sollte geschaut werden, wo das Turnier stattfindet: im Freien, in einer Halle oder in einer Reithalle. Demzufolge wird das Turnier auf Rasen, auf Gummimatten oder auf Sandboden veranstaltet.

Wenn bis jetzt nur auf Rasen trainiert wurde, kann der erste Turnierstart erleichtert werden, indem beim ersten Turnier auch auf Rasen gestartet wird. Sollte es dennoch ein Reithallenturnier sein, dann sollte man versuchen, für ein paar Trainingseinheiten eine Reithalle zu bekommen. So können sich die Hunde an die neue Gegebenheit schon einmal gewöhnen und sind am Turniertag damit nicht überfordert.

Nachdem der Entschluss für ein Turnier gefasst wurde, lässt es sich mit diesem Ziel vor Augen noch motivierter trainieren. Als Nächstes stellt sich dann die Frage: Wer fährt mit? Wer ist im Training so weit, wer ist also fit genug für ein Turnier, und wer hat am ausgesuchten Termin Zeit? Im Idealfall sollten sechs Hunde mit bestenfalls sechs Hundehaltern für die Mannschaft starten. Dazu kommt natürlich noch der Boxenlader. Für den Anfang wäre es auch nicht schlecht, dass noch ein paar Leute als „Bodenpersonal“ mitfahren, um zum Beispiel als Balljunge, Wechselbeobachter, Mädchen für alles usw. zu helfen. Im Vorfeld sollte ruhig

WICHTIG!

Während es beim Training optimal laufen kann, so sieht es doch manchmal auf einem Turnier ganz anders aus. Da ist der eine oder andere Hundeführer schon mal nervös, was sich natürlich auch auf den Hund übertragen kann. Aber auch die Hunde können sich in der Turnieratmosphäre ganz anders verhalten, als man es sonst vom Training kennt.

schon überlegt werden, wer welche Aufgabe in der Mannschaft übernehmen kann. Dadurch kann am Turniertag unnötige Hektik vermieden werden.

Nun wird es natürlich Zeit, das Training entsprechend auf dem ersten Turnierstart abzustimmen, das heißt, es wird sich noch intensiver um das Mannschaftstraining gekümmert. Sind die Wechsel in Ordnung bzw. sind die Hunde auch sicher, wenn der Wechsel schon etwas enger wird? Ansonsten sollte mit den verschiedensten Übungen, wie zum Beispiel dem Begegnungstraining, daran weiter gearbeitet werden.
Vielleicht besteht die Möglichkeit, vor dem ersten Turnierstart mal auf einem anderen Hundeplatz oder einer Wiese zu trainieren. Da kann dann beobachtet werden, wie sich die Hunde verhalten, wenn sie nicht auf dem Heimatplatz sind. Mit Hunden, die auf Turnierplätzen eher unsicher sind oder neugierig schnüffeln, sollte man erst einmal an der Leine den Parcours ablaufen, Richtertische ansehen und schauen, was an der Flyballbox so los ist usw.

Gerade bei Anfängerhunden sollten Probeläufe vor den eigentlichen Turnierläufen absolviert werden. Einige brauchen ein bis zwei Anläufe, um danach richtig zu laufen. Bei den Probeläufen sind auch Hilfestellungen erlaubt, wie zum Beispiel dass sich eine Person neben den Hürden hinstellt, falls der Hund Probleme hat, sich auf dem Rückweg richtig einzufädeln. Mit der Zeit werden die Hunde und vor allen Dingen auch die Hundeführer routinierter (was nicht heißen soll, dass dann keine Fehler mehr passieren, aber es werden auf jeden Fall weniger). Also bitte nicht enttäuscht sein, wenn es beim ersten Turnier nicht so richtig klappt, sondern die Fehler analysieren, um beim nächsten Training daran zu arbeiten.

TIPP!

Mal die Mannschaft filmen lassen. Wenn man die Läufe per Video aufgenommen hat, wird es bestimmt schneller auffallen, warum es nicht so gut klappt, da man die Fehler so auch noch später „live“ vor sich hat.

Wie gut klappt der Mannschaftslauf unter Ablenkung? Ist oft nur mit einer Bahn trainiert worden, empfiehlt es sich, verstärkt mehr Ablenkung ins Training bzw. in die Mannschaftsläufe zu bringen, wobei mit Ablenkung an dieser Stelle das Drumherum während eines Wettkampfs gemeint ist. Gibt es zum Beispiel eine andere Flyballmannschaft in der Nähe, bietet es sich an, ein gemeinsames Training zu organisieren. So ist es möglich, zusammen unter richtiger Ablenkung zu trainieren.

Eine gute Idee ist es auch, mit den Turnieranfänger-Hunden gemeinsam als Zuschauer zu einem Turnier zu fahren. So können die Hunde schon mal die ganze Atmosphäre kennenlernen. Vielleicht dürfen die Hunde auch mal in der Mittagspause über den Parcours geschickt werden. Das kann schnell beim Veranstalter nachgefragt werden.

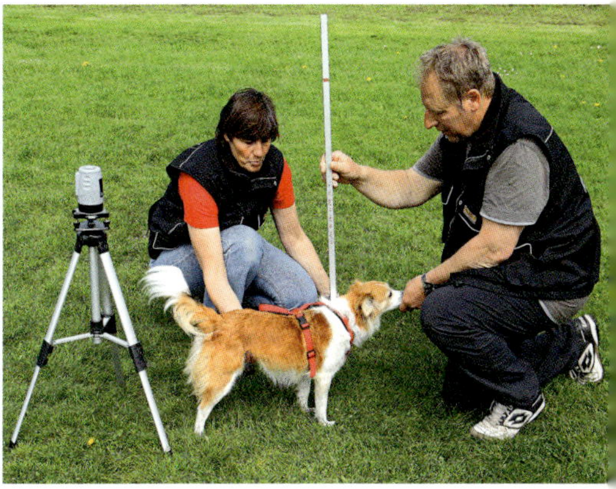

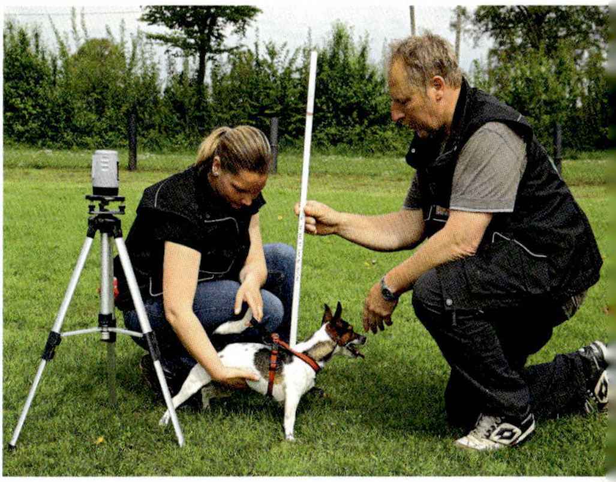

Auch das Ausmessen der Hunde sollte immer wieder geübt werden. Damit der Hund ruhig stehen bleibt, sollte man beim Üben mit einem Leckerli oder eine unterstützenden Hand helfen.

Auch Turnierprobeläufe beim Training können sehr hilfreich sein. Das Training sollte dann so gestaltet werden, als ob die Mannschaft tatsächlich auf einem Turnier startet. Als Erstes müssen die Hunde beim Linienrichter angemeldet werden, die in diesem Lauf zum Einsatz kommen. Die Hürden müssen auf die richtige Höhe eingestellt werden. Nun stellt die Mannschaft sich in der Startaufstellung auf. Danach erfolgt die Startfreigabe und die vier Hunde laufen nacheinander. Natürlich muss auch mal mit Fehlerläufen gerechnet werden, also sollte man auch mal einen fünften oder sogar sechsten Hund laufen lassen.

Bei so einem Probewettkampflauf kann man sehen, wie viel Zeit für die einzelnen Schritte benötigt wird. Sehr lehr- und hilfreich kann es sein, das Ganze auch wieder per Video festzuhalten. Das erhöht die Spannung der Gruppe und man sieht, wie die Hunde laufen, wenn Frauchen oder Herrchen nervös werden.

Die Hunde müssen auch körperlich fit genug sein, um einen ganzen Turniertag durchhalten zu können. Ansonsten sollte vielleicht noch einmal verstärkt an der

Kondition gearbeitet werden. Im Vorfeld des Turniers sollte auch – wie immer – an das Warm-up und das Cool-down der Hunde während des Turniers gedacht werden. Welche dieser Übungen aus dem Training können sinnvoll mit in die Vorbereitungsphase vor dem Start einplant werden?
Da am Turniertag die Hunde, welche die Sprunghöhe festlegen, gemessen werden, ist es wichtig, das gerade diese Hunde das aufrechte und stille Stehen im Vorfeld beherrschen. Dabei kann dann mithilfe einer Messlatte, die auf die Schultern gelegt wird, das Ausmessen immer mal wieder simuliert werden. Diese Armbewegungen reichen bei einigen Hunden völlig aus, um dafür zu sorgen, dass sie nicht mehr still stehen wollen. Ebenso ist es sehr hilfreich, wenn Fremde oder nicht so bekannte Personen beim Üben helfen, da der Richter meist eine fremde Person für die Hunde ist. Nichts ist ärgerlicher als ein Hund, der sich nicht ausmessen lässt, und dadurch dann die ganze Mannschaft höher springen muss.

Beim Meldeschluss für ein Turnier muss immer eine Referenzzeit abgegeben werden, also die Zeit, wonach die Mannschaft in eine für sie passende Division eingeteilt wird. Für das erste Turnier ist es oft schwierig eine passende Zeit abzugeben, da man sich noch nicht sicher ist, wie schnell die Mannschaft läuft (wie schnell werden die Hunde auf dem Turnier sein, wie klappen die eingeübten Wechsel usw.). Daher sollte die Referenzzeit beim ersten Turnier ruhig etwas höher angesetzt werden. Dadurch setzt man sich nicht unnötig unter Druck, falls etwas nicht klappt und man vielleicht ganz spontan etwas an der Mannschaftsaufstellung ändern muss.

Beim nächsten Turnierstart weiß man dann schon eher Bescheid und schätzt die Mannschaft besser ein. Das Schöne beim Flyball ist, dass man nie allein am Start steht, deshalb kann der ganze Prüfungsstress getrost vergessen werden.
An dieser Stelle sollte aber noch einmal ganz klar gesagt werden, dass bei einer Anfängermannschaft an erster Stelle der Spaß und das Miteinander für die ganze Mannschaft stehen sollten und nicht unbedingt der perfekte Wechsel und die schnellste Zeit. Falls das Geübte auf dem Turnier nicht sofort klappen sollte, nicht enttäuscht sein und es einfach noch mal ausprobieren. Mit jedem Turnier kommen durch die Sicherheit ganz automatisch bessere Wechsel und schnellere Zeiten, damit wiederum natürlich noch mehr Spaß und Spannung in jedem Lauf. Sollte dann auch noch der eigene Fanclub mit zum Turnier anreisen, steht der guten Laune und dem Spaß bestimmt nichts mehr im Wege.

Das Flyballturnier

Zurzeit werden oft die Turniere in Deutschland noch in Anlehnung an das VDH-Regelwerk, welches seit dem 1. Januar 2005 gültig ist, gespielt – in Anlehnung deshalb, damit auch Mannschaften, die nicht vereinsmäßig organisiert sind, ebenfalls starten dürfen.

Turnieratmosphäre!

Organisation eines Turniers

Für die Organisation eines Flyballturniers sollte Folgendes beachtet werden: Ein Flyballturnier wird vom Organisator bzw. vom Wettkampfleiter geplant und organisiert. Er sorgt für einen Termin, der dann bekannt gemacht wird, zum Beispiel durch Werbung in Zeitungen, im Internet usw. Die Annahme und Bearbeitung der Turnieranmeldungen der einzelnen Mannschaften genauso wie das Einladen der Richter zum Turnier gehören ebenfalls zu den Turniervorbereitungen. Auch muss dafür gesorgt werden, dass die Veranstaltung beim Veterinäramt und sonstigen zuständigen Stellen angemeldet wird. Auch für das Bereitstellen und Führen von Ergebnistafeln muss gesorgt werden, damit sich jeder Turnierstarter jederzeit über den aktuell Verlauf des Turniers informieren kann. Des Weiteren muss der Veranstalter auch für Preise, Andenken und Ähnliches sorgen.

Um an einem Flyballturnier teilnehmen zu dürfen gelten folgende Bestimmungen: Der Hunde muss mindestens 15 Monate alt sein. Es dürfen natürlich keine kranken oder verletzten Hunde an einem Turnier teilnehmen. Falls Zweifel bestehen, kann ein Tierarzt zur Beratung hinzugezogen werden. Auch läufige Hündinnen dürfen bei einem Turnier nicht starten. Wird das Turnier nach VDH-Regeln veranstaltet, dürfen auch nur Hundeführer mit Hunden an den Start, die bei einem dem VDH oder dem FCI angeschlossenen Verein oder Verband Mitglied sind.

AUSZUG AUS DEM REGLEMENT

Das Zulassungsalter der Hunde beträgt 15 Monate. Kranke oder verletzte Hunde sind von der Veranstaltung ausgeschlossen. Im Zweifelsfall entscheidet ein Tierarzt. Heiße Hündinnen dürfen zu Wettkämpfen nicht zugelassen werden.

Der Parcours

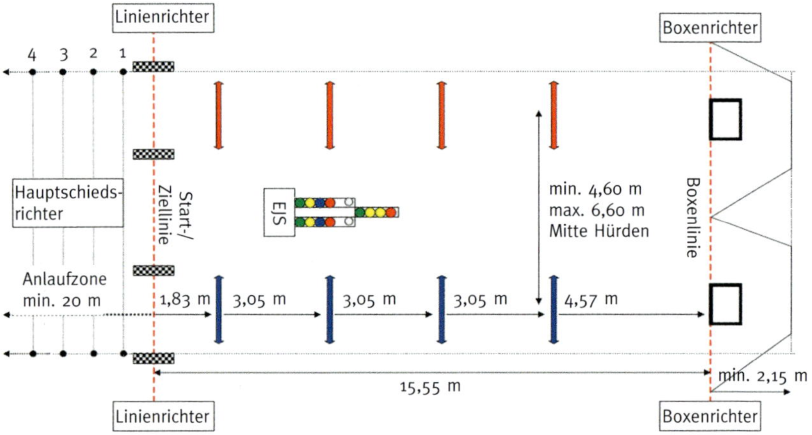

Der Parcours nach den Richtlinien aus dem Reglement.

Der Flyballparcours hat eine Mindestabmessung von 10 Meter in der Breite und 40 Meter (hier ist auch die minimale Auslaufzone von 15 Meter mit eingerechnet) in der Länge und sieht wie folgt aus:

Die Strecke von der Start-/Ziellinie zur ersten Hürde beträgt 1,83 Meter. Der Abstand zwischen den einzelnen Hürden sind jeweils 3,05 Meter. Die Strecke von der letzten Hürde bis zur vorderen Kante der Flyballbox beträgt 4,57 Meter. Die Strecke zwischen den zwei Bahnen beträgt mindestens 4 Meter und höchstens 6 Meter. Die Strecke von der vorderen Kante der Flyballbox bis zum Backstop beträgt mindestens 2,15 Meter.

Der Backstop steht hinter den Flyballboxen am Ende des Parcours. Diese undurchsichtige Wand muss mindestens 60 cm hoch sein. Sie dient dazu, dass zum einen nicht gefangene Bälle nicht zu weit weg rollen können und zum anderen, dass dahinter nicht benötigtes Material wie Balleimer, die anderen Flyballboxen, Werkzeug usw. aufbewahrt werden kann, ohne dass sie im Blickfeld der Hunde auftauchen und dadurch die Hunde stören.

Die Hürden

Der Veranstalter besorgt für den Turnierparcours Flyballhürden. Diese müssen von gleicher Bauart sein und dem Regelwerk entsprechen. Die Hürdenseitenteile können eine Höhe von mindestens 60 cm und höchstens 90 cm haben. Die Innenbreite muss genau 60 cm betragen. Die Sprunghöhe beträgt mindestens 17,5 cm und höchstens 35 cm. Die Hürdenhöhe muss in 2,5-cm-Schritte einzustellen sein. Die Einschübe dürfen nicht dicker als 12 mm sein und müssen aus einem flexiblen Material bestehen. Der größte Teil der Hürdeninnenfläche muss weiß sein. Auf dem obersten Einschub kann Schaumstoff zum Schutz befestigt werden. Trotz des Schaumstoffs muss die Sprunghöhe aber korrekt eingestellt werden können.

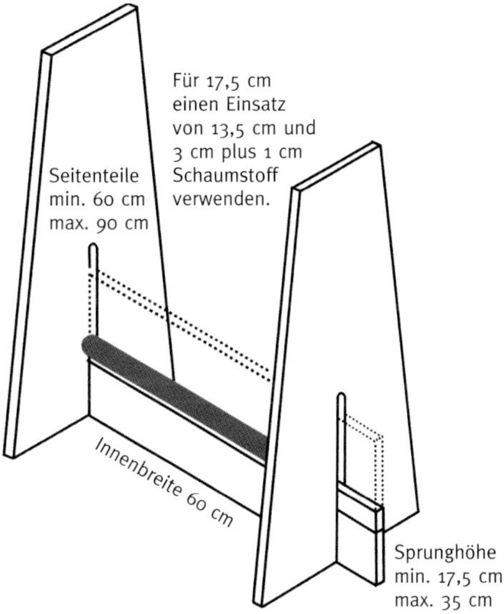

Die Seitenteile der Flyballhürde müssen zwischen 60 und 90 cm hoch sein. Die Innenbreite der Hürde beträgt 60 cm. Das Grundeinsteckbrett ist 13,5 cm hoch. Zusammen mit dem 3 cm hohen Einsteckbrett, das mit einer 1 cm dicken Schaumstoffschicht abschließt, ergibt die Hürde immer eine Höhe von 17,5 cm. Die Sprunghöhe darf zwischen 17,5 und 35 cm betragen.

Die Sprunghöhe

Die korrekte Sprunghöhe einer Mannschaft ergibt sich aus den Hunden, die in dieser Mannschaft laufen. Vor dem Turnierbeginn werden alle Hunde, die eine kleinere Schulterhöhe als 45 cm haben und die noch keine Messbefreiung besitzen, vom Hauptschiedsrichter zur Ermittlung der Sprunghöhe vermessen. Falls sich dabei ein Hund nicht ausmessen lassen möchte, weil er zum Beispiel nicht still stehen bleibt, verliert dieser Hund die Chance auf Verringerung der Sprunghöhe.

Die Sprunghöhe wird in 2,5 cm-Schritte angegeben; sie kann von 17,5 cm bis 35 cm betragen. Die Sprunghöhe wird ermittelt durch die Größe des kleinsten gemessenen (am Start stehend!) Hundes einer Mannschaft, nicht aber durch die Größe eines Reservehundes. Die ermittelte Schulterhöhe des Hundes wird nun um 12,5 cm reduziert. Dabei wird immer nach unten abgerundet auf 2,5 cm, um

die Sprunghöhe festzulegen. Daraus ergeben sich dann folgende Sprunghöhen: 17,5 – 20 – 22,5 – 25 – 27,5 – 30 – 32,5 – 35 cm.
Ein Beispiel dazu: Der kleinste Hund einer Mannschaft misst 36 cm, die Hindernishöhe dieses Teams wird sein: 36 cm - 12,5 cm = 23,5 cm; da es die Sprunghöhe nicht gibt, wird auf 22,5 cm abgerundet.

Die Leistungsklassen

Für ein Flyballturnier werden die Mannschaften anhand ihrer **Referenzzeit** in verschiedene Divisionen (Leistungsklassen) eingeteilt. Jede Mannschaft muss eine Referenzzeit abgeben und ist für diese selbst verantwortlich. Die Referenzzeit wird mit der Anmeldung zum Turnier mindestens 14 Tage vor dem Turniertermin abgegeben. Eine einmal abgegebene Zeit darf nach Meldeschluss nicht mehr geändert werden.
Durch die Abgabe der Referenzzeiten werden die Divisionen so eingeteilt, dass immer in etwa gleichstarke Mannschaften gegeneinander antreten. Damit sich eine Mannschaft nicht mit einer langsameren Zeit anmeldet, auf dem Turnier dann aber schneller läuft, gibt es pro Division eine **Break-Out-Zeit**. Das ist die Zeit, die von einer Mannschaft in der jeweiligen Division, für die die Break-Out-Zeit gilt, nicht unterlaufen werden darf.
Die Break-Out-Zeit ergibt sich wie folgt: Von der schnellsten Referenzzeit einer jeden Division werden 0,5 Sekunden abgezogen. Diese Zeit ist dann die Break-Out-Zeit. Wer eine schnellere Zeit läuft, hat den Lauf verloren und die Gegenmannschaft bekommt den Lauf als gewonnen gewertet. Falls beide Mannschaften schneller laufen sollten, dann verlieren beide.

Damit nicht dauerhaft zu schnell gelaufen wird, wurde im Regelwerk Folgendes festgelegt:
Läuft eine Mannschaft das 1. Break-Out, verliert sie den Lauf. Läuft diese Mannschaft am selben Turnier ihr 2. Break-Out, verliert sie das Rennen. Sollte die Mannschaft ein 3. Break-Out laufen, wird sie disqualifiziert und alle an diesem Turnier gelaufenen Ergebnisse werden gestrichen. Die Mannschaft muss jedoch ohne Wertung das Turnier zu Ende laufen.
Diese Regelung wurde aufgenommen, da es leider vermehrt Mannschaften gegeben hat, die zu langsam gemeldet haben und dann bei den Rennen die Hunde zurückgehalten haben, um bessere Siegchancen zu haben.

AUSZUG AUS DEM REGLEMENT

Jede Mannschaft gibt selbst eine Referenzzeit an. Bei der Einteilung in Divisionen wird die Mannschaft entsprechend dieser Referenzzeit eingestuft.

Die Break-Out-Zeit gilt allerdings nicht in der 1. Division. Die 1. Division ist die Division mit den schnellsten Zeiten. Mannschaften werden in dieser Division nicht bestraft, wenn sie schneller als ihre angegebene Referenzzeit gelaufen sind.

Die Zeitmessung

Normalerweise werden die einzelnen Laufzeiten mithilfe eines EJS (Elektronisches Jury System) ermittelt. Das EJS ist ein kombiniertes System, bestehend aus einer Startampel, einer Wechselkontrolle und einem Fehleranzeiger. Dabei wird gleichzeitig die Zeit ermittelt. Fällt das EJS aus irgendeinem Grund einmal aus, verfallen die Referenzzeiten in den jeweiligen Divisionen. In diesem Fall werden die Zeiten per Hand gestoppt und die Wechsel mit dem Auge beobachtet.

Der obere Teil des Ampelturms ist die Startampel und besteht aus vier Lampen. Wenn der Hauptschiedsrichter den Start frei gibt, schaltet der Linienrichter das System scharf. Nun beginnt die Startreihenfolge. Zuerst leuchtet die rote Lampe für 1 Sekunde auf, gefolgt von der ersten gelben Lampe für 1 Sekunde, danach die nächste gelbe Lampe für 1 Sekunde und schließlich geht die grüne Lampe an.

Gleichzeitig fängt auch die Zeit zu laufen an, egal wo der Starthund ist. Der Starthund darf nicht vorher durch die Lichtschranken kommen, weil es sonst ein Frühstart, also ein Fehler ist.

Der nächste Teil des EJS sind die weißen Lampen, links und rechts jeweils eine für eine Bahn. Diese Lampen gehen automatisch an, denn sie werden von den Lichtschranken am Wechsel-

Der Lampenturm des EJS: Oben in der Mitte ist die Startampel. Die vier Lampen rechts und links zeigen Fehler an. Sie werden vom Linienrichter eingeschaltet.

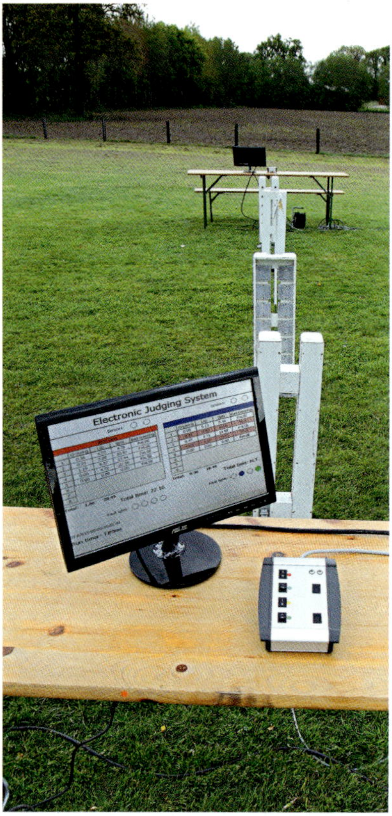

Auf dem Linienrichtertisch befinden sich die Bedieneinheit für die Startampel und die Fehlerlampen. Auf dem Monitor werden die Zeiten der einzelnen Hunde und der Mannschaft angezeigt. Vor dem Tisch kann man gut die Wechselkontrollsäulen mit ihren Lichtschranken erkennen, die auf der Start-/Ziellinie stehen.

kontrollgerät (WKG, siehe weiter unten) angesteuert.

Die weiße Lampe leuchtet beim Frühstart, bei Wechselfehlern und wenn die Lichtschrankenimpulse von irgendetwas wie zum Beispiel Spielzeug, Füßen oder Händen des Hundeführers unterbrochen werden. Dieses Signal weist den Richtern auf diesen Fehler hin. Sie leuchtet ebenfalls kurz auf, wenn der Wechsel zu groß ist oder mehr als 2 Sekunden beträgt. Es ist aber nur baulich bedingt, dass dies so geschieht; das ist dann natürlich kein Fehler. Zur Unterstützung der weißen Lampe ist im Kontrollpult noch ein Pieper/Summer eingebaut, der sich gleichzeitig mit der weißen Lampe meldet. Dadurch kann sich der Linienrichter noch besser auf den Lauf der Hunde konzentrieren, da er die weiße Lampe nicht gleichzeitig im Auge behalten muss, da er nun den Fehler hören kann.

Ein weiterer Teil des EJS sind die farbigen Fehlerlampen, diese werden manuell vom Linienrichter bedient. Durch diese Lampen wird angezeigt welcher Hund einen Fehler hatte und erneut laufen muss. Dabei ist die rote Lampe für den 1. Hund, die blaue für den 2., die gelbe für den 3. und die grüne für den 4. Hund. Der Linienrichter schaltet das Licht beim Fehler ein und macht es erst beim erneuten Lauf des Hundes wieder aus.

Zum EJS gehört auch das WKG (Wechselkontrollgerät) mit seinen Lichtschranken, die genau an der Startlinie stehen. Mit den Lichtschranken (pro Bahn sind es 12 Stück) werden der Start und die Wechsel kontrolliert. Ebenso wird registriert, wenn die Lichtschrankenimpulse von irgendetwas wie Spielzeug, Füßen oder Händen des Hundeführers unterbrochen werden. Außerdem geben die Lichtschranken auch der Stoppuhr am Kontrollpult den Impuls zu stoppen.

Der Wettkampflauf

Wie schon oben erwähnt, besteht eine Turniermannschaft aus mindestens vier und höchstens sechs Hunden mit ihren Hundeführern, einem Boxenlader und außerdem aus ein oder zwei Helfern. Die sechs Hunde müssen vor dem Turnierbeginn bekannt sein und dürfen während des Turniertages nicht gewechselt werden. Am Start stehen immer vier Hunde aus dieser Mannschaftsaufstellung, wobei jeder dieser vier Hunde nach einem Lauf gegen einen der zwei Reservehunde ausgewechselt werden darf.

AUSZUG AUS DEM REGLEMENT

Eine Mannschaft besteht aus mindestens 4 und maximal 6 Hunden mit ihren Hundeführern, 1 Balllader sowie 1 oder 2 Ringhelfern nach eigenem Ermessen, um Bälle einzusammeln, umgefallene Hindernisse aufzustellen und der Mannschaft zu helfen.

Den Ringhelfern ist während des Rennens jeder Kontakt mit der Jury oder der gegnerischen Mannschaft untersagt, den Hunden darf durch den Ringhelfer nicht geholfen werden und jegliche Regelwidrigkeit ist streng verboten.

Der Lauf wird entweder manuell oder per EJS gestartet. Beim manuellen Start muss der Hauptschiedsrichter die Startsequenz runterzählen und akustisch den Start freigeben. Der manuelle Start kommt aber nur sehr selten vor, und zwar meistens dann, wenn das EJS während des Turniers ausfallen sollte.
Die Startampel vom EJS zeigt den Countdown mit Lampen an, ähnlich wie beim Start eines Formel-1-Rennens. Erst leuchtet die rote Lampe; geht diese aus, geht gleichzeitig die erste gelbe Lampe an. Wenn die erste gelbe Lampe ausgeht, geht gleichzeitig die zweite gelbe Lampe an. Erlischt die zweite gelbe Lampe, geht gleichzeitig die grüne Lampe an und der Start ist freigegeben. Mit Aufleuchten der grünen Lampe beginnt auch die Zeit für jede Mannschaft zu laufen.
Das Umschalten erfolgt im 1-Sekunden-Takt. Vom Aufleuchten der roten Lampe bis zum Aufleuchten der grünen Lampe vergehen somit genau 3 Sekunden.

Der erste Hund, der Starthund also, darf die Startlinie erst dann überqueren, wenn der Start mit dem grünen Licht freigegeben ist. Ansonsten ist das ein Frühstart. Das Ganze wird dabei von Lichtschranken überwacht, da es zum Teil mit dem menschlichen Auge nicht erfasst werden kann. Das Starten der Hunde kann entweder aus stehender oder aus laufender Position erfolgen.
Bei einem Wettkampflauf überspringt jeder Hund einer Mannschaft die vier Hürden, löst die Flyballbox aus, schnappt den Ball und kommt über die Hürden mit dem Ball in der Schnauze zurück. Wenn der erste Hund über die Ziellinie kommt, darf der nächste Hund in die Flyballbahn. Ein optimaler Wechsel sieht sozusa-

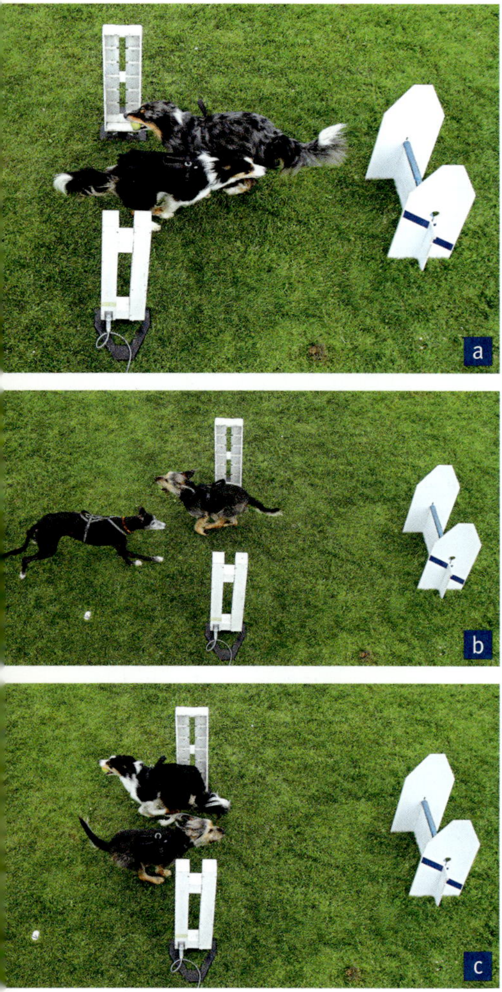

Hier verschiedene Wechsel im Vergleich: zu früher (a), zu später (b) und guter Wechsel (c).

gen Nase an Nase auf Höhe der Start-/Ziellinie aus. Dies wiederholt sich, bis alle vier Hunde den Flyballparcours fehlerfrei bewältigt haben. Erst dann wird die Zeit gestoppt.
Wenn bei einem Lauf eine Hürde umfällt, sie aber von den Hunden übersprungen wird, so als ob sie noch stehen würde, ist das kein Fehler. Es dürfen sogar die Mannschaftshelfer die umgefallene Hürde wieder aufstellen. Sie dürfen aber dabei den Hunden weder helfen noch sie stören. Das Aufstellen der Hürden erfolgt aber in der Praxis meistens nicht, da es einfach an der Zeit fehlt (die Hunde sind zu schnell), um dieses zu tun, bzw. weil die Hunde mit umgefallenen Hürden keine Probleme haben.

Der Boxenlader steht aufrecht und nicht nach vorne gebeugt hinter der Flyballbox, wenn die Hunde zur Box kommen. Er darf die Hunde nur per Stimme motivieren und sich dabei nicht bewegen, um eventuell Hilfestellung zu geben. Der Boxenlader bleibt hinter der Flyballbox stehen, bis der Hauptschiedsrichter den Lauf beendet. Falls die Flyballbox während eines Laufs Funktionsstörungen bzw. einen Defekt haben sollte, zeigt dies der Boxenlader an, indem er sich vor die Flyballbox stellt. Diese wird dann vom Hauptschiedsrichter überprüft. Sollte sie defekt sein, darf sie schnell repariert oder durch eine andere Flyballbox ausgetauscht werden. Falls der Hauptschiedsrichter aber feststellt, dass die Flyballbox doch funktioniert, darf er den Lauf für diese Mannschaft als verloren werten.
Falls mal ein Ball wieder in die Ballöffnung der Flyballbox fällt, darf der Boxenlader die Flyballbox erneut funktionsklar machen. Der Hund muss den Lauf nicht wiederholen. Nur in diesem Fall darf der Boxenlader dem Hund Anweisungen geben, die Flyballbox erneut auszulösen.

Die verschiedenen Wettkampfformen

Ein Flyball-Turnier kann aus den folgenden vier Wettkampfformen bestehen. Es kann auch eine Kombination aus diesen vier Formen sein. Pro Division müssen mindestens vier Mannschaften eingeteilt werden.

1. Round Robin
2. Speed Trial
3. Single Elimination
4. Double Elimination

Der **Round Robin** ist eine Wettkampfform, bei der jede Mannschaft gegen jede andere Mannschaft in der eingeteilten Division antreten muss. Dies ist die meist verwendete Form für den Vormittag eines Turniertages, wenn ein Platzierungswettkampf für den Hauptwettkampf am Nachmittag erfolgt. Round Robin wird bei Divisionen mit sechs bis sieben Mannschaften angewandt. Da bei größeren Divisionen noch mehr Läufe gemacht werden müssten und somit auch mehr Zeit benötigt wird, entscheidet man sich bei Divisionsstärken von über sieben Mannschaften meistens für ein Speed Trial.

Der **Speed Trial** ist eine verkürzte Form des Round Robin, das heißt, jede Mannschaft startet fast gegen jede Mannschaft aus der gleichen Division. Da es sonst beim Round Robin meistens Punkte für jeden gewonnen Lauf gibt und anhand der Punktzahl die Gewinner ermittelt werden, wäre es natürlich von Nachteil, wenn es beim Speed Trial auch so wäre. Daher gewinnt beim Speed Trial die Mannschaft, die in ihrer Division die schnellste Zeit bei diesem Wettkampf gelaufen ist.

Die nächsten beiden Wettkampfformen, die **Single Elimination** und die **Double Elimination**, werden meistens als Hauptwettkampf nach den Platzierungsrunden gelaufen. Single Elimination ist ein einfaches K.O.-System, das heißt, wer den Lauf gewonnen hat, kommt weiter, wer verloren hat, scheidet aus dem Wettkampf aus. Diese Wettkampfform wird aber nur sehr selten angewandt, zum Beispiel bei Zeitmangel am Turniertag, da man bereits bei nur einem verlorenen Lauf aus dem Turnier ausscheidet.
Daher wird in der Regel im Hauptwettkampf das Double Elimination gespielt. Das ist ein doppeltes K.O.-System, das heißt, wer eine Runde gewonnen hat, kommt weiter. Die Mannschaft, die verloren hat, kommt in die Trostrunde und scheidet erst dann aus dem Turnier aus, wenn sie auch hier ein weiteres Mal verliert. So hat jede Mannschaft trotz eines verlorenen Laufs immer noch die Chance, durch die Verlierer-Runde bis nach ganz vorne ins Finale zu kommen.

Eine Wettkampfrunde besteht aus mehren Läufen, über die Anzahl der Läufe werden die Turnierteilnehmer vor Wettkampfbeginn informiert. So kann zum Bei-

Wenn die Hunde im Parcours unterwegs sind, müssen die Richter ihre Augen offen halten und kontrollieren, ob alle Hunde ihren Lauf fehlerfrei absolvieren.

spiel eine Runde aus drei Läufen bestehen, wobei dann für jeden Lauf Punkte gesammelt werden. Eine Runde kann aber auch in einem Best of Modus gespielt werden. Das heißt, das zum Beispiel beim Best of 3 die Mannschaft gewinnt, die zuerst zwei Läufe gewinnt. Beim Best of 5 Modus gewinnt dann die Mannschaft, die zuerst drei Läufe gewinnt.

Die Richter

Für den reibungslosen Ablauf eines Flyballturniers sind fünf Richter pro Division vorgesehen.
Zum einem gibt es pro Bahn einen Boxenrichter, der auf das Geschehen an der ihm zugewiesenen Flyballbox achtet. Dann gibt es zwei Linienrichter, die auf das Geschehen an der Start-/Ziellinie an der ihnen jeweils zugewiesenen Bahnseite achten. Außerdem gibt es dann natürlich noch einen Hauptschiedsrichter, der zwischen den beiden Bahnen steht.

Die Richter achten gemeinsam darauf, dass der Wettkampf unter Einhaltung aller Regeln erfolgt, und stellen Regelübertretungen fest. Als Fehler werden zum Beispiel folgende Punkte mit einem Straflauf geahndet:

- Der Hund bringt den Ball nicht mit durch das Ziel.
- Der Hund lässt eine oder mehrere Hürden aus.
- Der Hund verlässt seine Laufstrecke und stört die gegnerische Mannschaft.
- Der Boxenlader hilft dem Hund.
- Der Hundeführer läuft mit bis über die Startmarkierung.
- Der folgende Hund wechselt zu früh über die Start-/Ziellinie, bevor der andere Hund aus dem Parcours gelaufen ist (Wechselfehler).
- Der Hund holt sich den Ball, ohne die Box zu betätigen.
- Der Hund löst sich im Parcours.

Bei Störung der gegnerischen Mannschaft während eines Laufs verliert die störende Mannschaft den Lauf. Als Störung sind zum Beispiel das Werfen von Bällen, Frisbee oder Ähnlichem oder auch das Geben von Leckerlis/Futter im Parcours anzusehen.

Anhang

Danksagung

Da so ein Trainingsbuch nie das Werk einer Person bzw. in unserem Fall zweier Personen ist, möchten wir es uns natürlich nicht nehmen lassen, auch ein paar Worte des Dankes zu sagen.
Zunächst möchten wir dem Verlag Oertel+Spörer und unserer Lektorin Dr. Gabriele Lehari dafür danken, dass sie uns auf die Idee gebracht haben, dieses Buch zu schreiben, und uns die ganze Zeit während des Schreibens so gut betreut und beraten haben.

Dann sagen wir natürlich Danke den geduldigen Fotomodellen, ob Hund oder Mensch, und den Flyballmannschaften Luhu Wild Dogs und Quickstep!

Unser Dank geht auch an die Fotografen, ohne die wir die Trainingssequenzen fürs Buch nicht in einem so schönen Licht hätten einfangen können.

Ein besonderen Dank gilt Wilma Frechen (Liebevoll unsere Cheftipse genannt), die uns immer tatkräftig im Büro unterstützt, sowie generell unseren Frauen und Kindern, die uns immer den nötigen Spielraum lassen, diesen schönen Sport auszuüben.

Auch möchten wir dem Flyball-Virus danken, dass er uns mit der Faszination des Flyballsports angesteckt hat. Ohne ihn hätte es dieses Buch nämlich nie gegeben.

Flyball von A bis Z

Im Folgenden werden die wichtigsten Fachbegriffe vom Flyball noch mal alphabetisch aufgelistet und erklärt.

Backstop
Der Backstop ist eine undurchsichtige Rückwand hinter der Flyballbox von mindestens 61 cm Höhe. Er ist dafür gedacht, dass nicht gefangene Bälle nicht zu weit wegrollen. Außerdem ist der Backstop sehr praktisch, denn dahinter befinden sich die nicht im Einsatz befindlichen Flyballboxen, Behälter für Bälle, Werkzeug usw.

Best of 3 oder Best of 5
Ein Rennen besteht aus mehren Läufen. Es werden 2 bzw. 3 Siege zum Gewinnen des Rennens benötigt, je nachdem ob ein Best of 3 oder ein Best of 5 gelaufen

wird. Das heißt, dass die Mannschaft, die zuerst 2 (von insgesamt 3) bzw. 3 (von insgesamt 5) Läufen gewinnt, das Rennen gewonnen hat.

BFA
Abkürzung für British Flyball Association – das ist der englische Flyballverband.

BFB
Abkürzung für Belgische Flyball Belge – das ist der belgische Flyballverband.

Boomerang Box
Dies ist eine Frontdesignbox mit verdeckter Technik – der Ball fliegt gerade heraus. Bei dieser Boxenart ist die ganze Vorderseite als Betätigungsplatte ausgelegt. Die Platte ist bei dieser Flyballbox gebogen, daher ist sie auch unter dem Namen „Curved Box“ bekannt.

Boxenlader (Boxenloader)
Der Boxenlader ist derjenige, der die Box mit Bällen nachfüllt. Er wird gern auch mal spaßhalber „Boxenluder“ genannt. Ob es daran liegt, dass es meist Mädels sind?!

Boxenrichter
So nennt man die Person, die darauf achtet, dass an der Flyballbox von Boxenlader (englisch Boxenloader) und Hund alles richtig gemacht wird. Er sitzt in der Höhe der Boxenlinie an der Bahnseite. Pro Flyballbox gibt es einen Boxenrichter.

Break-Out-Zeit oder Break-Out-Time (BO Time)
Dies ist die Zeitgrenze jeder Division, die nicht unterboten werden darf. Falls man schneller als die Break-Out-Zeit läuft, verliert die Mannschaft den Lauf, und zwar egal, welches Resultat der Gegner erzielt hat. Wird zum ersten Mal ein BO gelaufen ist der Lauf verloren. Beim zweiten BO ist das ganze Rennen verloren. Beim dritten BO wird die Mannschaft disqualifiziert, das heißt, es werden alle Läufe gestrichen. Die Mannschaft kann dann weder Zeiten noch Punkte oder eine Platzierung bei diesem Turnier erreichen. Ebenso werden eventuell gelaufene Rekorde oder Bestzeiten gestrichen. Die Mannschaft muss jedoch ihre Läufe an dem Turnier ohne jegliche Wertung weiterlaufen. Wann die Break-Out-Zeit im Laufe eines Turniers gelaufen wird, also bei welcher Wettkampfform wie im Round Robin, Speed Trial usw., spielt dabei keine Rolle.

Division
Die teilnehmenden Mannschaften auf einem Turnier werden in Divisionen (Klassen/Gruppen) eingeteilt. Dabei kommen immer etwa gleich starke Gegner in eine Division, sodass jeder die Chance hat zu gewinnen. Das erhöht natürlich die Spannung der Wettkämpfe. Eine Division besteht aus mindestens vier Mannschaften. Bei der Einteilung in Divisionen wird die Mannschaft entsprechend der Referenzzeit eingestuft. Je schneller eine Mannschaft läuft, umso niedriger ist die Division.

Double Elimination
Dies ist ein doppeltes K.O.-System, das heißt, eine Mannschaft scheidet erst nach der zweiten Niederlage aus. Diese Form des Hauptwettkampfes hat den großen Vorteil, dass eine Mannschaft, die schon einmal verloren hat, nicht sofort aus dem Rennen ist. Sie hat noch die Chance durch die Verliererrunde bis ins Finale zu kommen. Falls diese Mannschaft es bis ins Finale geschafft hat und gewinnt, ist sie aber noch nicht der Gewinner der Division, da die andere Mannschaft bis dahin ja noch nicht verloren hat. So muss noch ein Re-Finale stattfinden und wer dieses gewonnen hat, ist der Divisionssieger.

Dummybox
Eigentlich heißt das Gerät ja Shoot, aber Dummybox hört sich besser an. Es ist neben der Pylone das wichtigste Trainingszubehör. Die Dummybox ist eine größere Flyballbox (sieht fast wie eine kleine Agility-Schrägwand aus) ohne Mechanik. Hier hat der Hund die Möglichkeit, die Schwimmerwende zu trainieren. Da die Dummybox eine größere Lauffläche als die richtige Flyballbox hat, erleichtert diese es dem Hund, die Wende zu erlernen. An der Dummybox kann im späteren Trainingsstadium auch der Ball mittels Klettband befestigt werden.

EFC
EFC ist die Abkürzung für European Flyball Championship. Einmal im Jahr findet diese Veranstaltung statt. Teilnehmen darf jede Mannschaft; es gibt dafür bisher keine Qualifikationsläufe, da in verschiedenen Divisionen gestartet wird. Eine super Veranstaltung und eigentlich ein Muss für alle Flyball-Freunde!
Der EFC wurde 2005 und 2011 in Deutschland ausgerichtet.

EJS
Dies ist die Abkürzung für Elektronisches Jury System (Electronic Judging System). Das EJS besteht aus einer Startampel, einem Wechselkontrollgerät (WKG) mit Lichtschranken, einem Fehleranzeiger und einer Zeitmessung.
Am Kontrollpult kann der Linienrichter das EJS bedienen. Auf einer Bahn gibt es den Startknopf, um das EJS zu starten, dann gibt es jeweils einen Schalter für die farbigen Fehlerlampen und einen Hebel, um die Stoppuhr scharf zu machen. Außerdem wird auch immer die aktuelle Rekordzeit am Pult befestigt, damit man einen neuen Rekord sofort entdecken kann.

Frontdesignbox (Full Face Pedal Box)
So bezeichnet man alle Flyballboxen, bei denen die ganze Vorderseite der Box die Betätigungsplatte ist; dabei kann sie gebogen oder gerade sein. Der Hund hat hier nur eine Trittfläche und kann sich somit ganz auf den Ball konzentrieren. Eine Verletzungsgefahr ist bei diesen Boxen so gut wie ausgeschlossen. Wenn der Hund die Box vorher nicht betätigt hat, ist der Ball nicht herausnehmbar. Also muss der Hund die Box schon auslösen, um an den Ball zu kommen. Nur bei Boxen dieses Typs ist die Schwimmerwende möglich, da sie breit genug sind

und über zwei Löcher (hier kann sich der Hund seine Lieblingsseite, in die er sich drehen möchte, aussuchen) verfügen.

Frühstart
Von einem Frühstart spricht man, wenn der Starthund die Start-/Ziellinie überschreitet, bevor der Start durch das grüne Licht vom EJS freigegeben wurde. Jede Mannschaft darf einen Frühstart machen, der Lauf wird dann neu gestartet. Beim zweiten Frühstart von der gleichen Mannschaft muss der Starthund eine Strafrunde laufen. Bei einem Turnier wird auch schon mal extra ein Frühstart aus taktischen Gründen provoziert, um den Gegner nervös zu machen.

Hauptschiedsrichter
So nennt man denjenigen, der bei einem Wettkampf über das Rennen wacht. Er übernimmt auch das Ausmessen der Hunde.

Heat
Man kann auch anstelle von Best of 3 bzw. Best of 5 einfach drei oder vier Läufe (in diesem Fall heat genannt) durchführen, bei denen die Punkte gesammelt werden. Die Mannschaft mit den meisten Punkten hat dann gewonnen.

Katapultbox
Die ersten Flyballboxen hatten eine sichtbare Katapulttechnik – der Ball flog dabei steil nach oben, wurde sozusagen herauskatapultiert. Der Wurf-Arm liegt außerhalb am Ende der eigentlichen Flyballbox und hat eine separate meist kleine Betätigungsplatte. Solch eine Box konnte den Ball bis zu 3 Meter hoch in die Luft schleudern.

Lane
Als Lane wird die Bahn bezeichnet, auf der gelaufen wird. Da immer zwei Mannschaften parallel laufen, gibt es natürlich zwei Bahnen pro Wettkampfplatz. Diese bilden so den Flyballring. Damit man es leichter hat mit den Unterscheidungen der Bahnen, sind sie Farben zu geordnet. Meist gibt es eine rote und eine blaue Bahn.

Linienrichter
Linienrichter sitzen direkt an der Start-/Ziellinie, beobachten die Wechsel und achten auf sonstige Fehler. Pro Bahn gibt es einen Linienrichter. Er betätigt auch die Fehlerlampen des EJS und zeigt so dem Hundeführer, ob er den Hund noch einmal laufen lassen muss.

Motivation
Motivation ist natürlich ganz wichtig. Der Hund wird für seine erledigte Aufgabe belohnt. Dabei kann die Motivation durch ein Spielzeug, ein Leckerli oder durch „positive“ Stimme erfolgen.

NAFA
Dies ist die Abkürzung für Nord Amerikanische Flyball Association – die größte Flyballorganisation!

Race
Race bezeichnet die ganze Begegnung, also das Rennen zwischen zwei Mannschaften.

Referenzzeit
Jede Mannschaft gibt bei einem Turnier selbst eine Referenzzeit (Mannschaftslaufzeit) an. Mit dieser Referenzzeit wird die Mannschaft in die passende Division eingestuft. Die schnellste Mannschaft gibt mit ihrer Referenzzeit, von der 0,5 Sekunden abgezogen werden, die Break-Out-Zeit der Division vor. Laufen Mannschaften einer Division schneller als die Break-Out-Zeit ihrer Division, gilt der Lauf als verloren. Dadurch will man verhindern, dass sich Mannschaften durch zu hohe Referenzzeiten Vorteile in einer höheren Division verschaffen.

Ring
Ring oder Parcours nennt man den Wettkampfplatz. Er besteht aus zwei Bahnen (lanes) und dem Start-/Zielbereich. Bei einem Turnier mit sehr vielen teilnehmenden Mannschaften kann auch auf zwei oder mehr Ringen gelaufen werden. So kann man die Rennen auf die Ringe verteilen und man hat die Möglichkeit, bei einer großen Teilnehmerzahl als Mannschaft noch viele Läufe zu absolvieren.

Round Robin
Round Robin bedeutet, jeder gegen jeden, das heißt, dass jede Mannschaft gegen jede andere Mannschaft aus der gleichen Division startet. Diese Wettkampfform wird oft bei bis zu sechs Mannschaften pro Division angewandt. Das Round Robin wird in der Regel als Platzierungswettkampf abgehalten, sodass man anhand der Gewinner die Startreihenfolgen für den meist am Nachmittag stattfinden Hauptwettkampf bekommt. In Amerika bei der NAFA besteht der Flyball Wettkampf meist nur aus Round Robin.
Für den Round Robin gibt es verschiedene Rennsysteme. Man kann entweder ein Best-of-Rennen daraus machen oder eine bestimmte Anzahl an heats (Läufe) festlegen. Dabei wird über die gewonnen, Läufe der Gewinner der Division ermittelt.

Run
Run bezeichnet den einzelnen Lauf eines Rennens (race) zwischen zwei Mannschaften. Ein Rennen kann aus bis zu fünf Einzelläufen, je nach Wettkampfform, bestehen.

Schwimmerwende (Swimmers Turn)
Eine Schwimmerwende ist die Drehung bzw. Wendetechnik des Hundes auf einer Frontdesignbox (Full Face Pedal Box). Es ist die schonendste Art für den Hund

und außerdem die schnellste Art der Wende. Dies hat sich in jahrelanger Erfahrung mit Flyball im Ausland erwiesen. Benannt wurde diese Art der Wendung nach der Wendetechnik der Schwimmer.

Single Elimination
So wird eine Form des Hauptwettkampfes genannt. Es ist ein einfaches K.O.-System, das heißt, der Gewinner kommt weiter und der Verlierer scheidet aus. Dieses System wird bei einem sehr großen Starterfeld bzw. bei Zeitdruck oder aus Platzgründen, wenn nicht auf zwei Ringen gestartet werden kann, ausgewählt.

Speed Trial
Hierbei handelt es sich um einen Platzierungswettkampf. Im Prinzip ist es ein Round Robin, nur startet man nicht gegen alle Mannschaften einer Division. Diese Wettkampfform wird bei sehr großen Divisionen ab sechs oder sieben Mannschaften angewandt, damit der Platzierungswettkampf nicht so lange dauert bzw. die Mannschaften nicht zu viele Läufe absolvieren müssen. Noch ein Unterschied zum Round Robin liegt darin, dass der Gewinner die Mannschaft mit der schnellsten Zeit ist und somit die Startreihenfolge für den Hauptwettkampf über die Zeit ermittelt wird.

Wechsel
Das Wichtigste bei einem Flyballwettkampf sind und bleiben die Wechsel. Mit dem Wechsel der Hunde an der Start-/Ziellinie entscheiden sich die Läufe. Ist der Wechsel zu früh, muss der Hund noch einmal laufen und dabei geht viel Zeit verloren. Aber auch der umgekehrte Fall ist oft ein Nachteil. Wenn zu viel Luft zwischen den Wechseln der Hunde liegt, geht auch Zeit verloren; das ist dann die Zeit, die einem eventuell fehlt, wenn die andere Mannschaft schneller ist. Da mit dem Auge ein perfekter Wechsel (die Hunde wechseln nicht selten Nase an Nase) kaum zu richten ist, macht dies das EJS bzw. das WKG. Für das Training wird nicht unbedingt ein EJS gebraucht, da hilft es auch schon, die Wechsel mit der Videokamera zu filmen.

Wichtige Internetseiten

www.flyball.de
www.vea-borken.de
www.luhu.de
www.dhv-hundesport.de
www.swhv.de
www.dsv-dog.de
www.hsvrm.de
www.blv-hundesport.info
www.dvg-hundesport.de
www.flyball.be
www.flyball.org
www.flyball.org.uk
www.kaiser-hundesport.de
www.phoenix-hundesport.de
www.benecura.de
www.flyball-hessen.de

Weitere Literatur

Bauer, Tanja und Lehari, Gabriele: **Hoopers-Agility**. Hundesport ganz ohne Springen. Oertel+Spörer, Reutlingen 2014.
Boulanger, Robert und Trautmann Zenoni, Gabriella: **Mantrailing** – Teamarbeit mit Nase und Verstand. Oertel+Spörer, Reutlingen 2013.
Gelhaus, Nadine: **Futterfibel**. Hunde gesund ernähren. Oertel+Spörer, Reutlingen 2013.
Göbel, Michaela: **Taube Hunde**. Umgang – Erziehung – Ausbildung. Oertel+Spörer, Reutlingen 2013.
Hartmann, Michael: **Patient Hund**. 2. Auflage, Oertel+Spörer, Reutlingen 2010.
Jadatz, Klaus: **Der moderne Gebrauchshund**. 2. Auflage, Oertel+Spörer, Reutlingen 2015.
Jansen, Karin: **Rassespezifisches Territorialverhalten bei Hunden** – Richtiges Verständnis und Erziehung. Oertel+Spörer, Reutlingen 2013.
Jansen, Karin: **Rassespezifisches Jagdverhalten bei Hunden** – Verständnis, Beschäftigung, Jagdkontrolle. Oertel+Spörer, Reutlingen 2014.
Keulert, David: **Kleine Hunde richtig erziehen**. 2. Auflage, Oertel+Spörer, Reutlingen 2015.
Keulert, David: **Kleine Hunde richtig beschäftigen**. Oertel+Spörer, Reutlingen 2014.
Kolbe, Katrin und Lehari, Gabriele: **Nasenarbeit**. Oertel+Spörer, Reutlingen 2013.
Koller, Raphaela: **BARF-Rezepte**. 4. Auflage, Oertel+Spörer, Reutlingen 2015.
Lehne, Anke: **Zeitgemäße Jagdhundeführung**. 2. Auflage, Oertel+Spörer, Reutlingen 2014.
Müller, Anja Carmen und Lehari, Gabriele: **Der Therapiehund**. 3. Auflage, Oertel+Spörer, Reutlingen 2015.
Rauth-Widmann, Brigitte: **Welpen** – Mit dem Hund durchs erste Jahr. Oertel+Spörer, Reutlingen 2010.
Reichenbach, Uta: **Wie Hunde kommunizieren**. Oertel+Spörer, Reutlingen 2011.
Reichenbach, Uta und Lehari, Gabriele: **Der zuverlässige Begleithund**. Von der Welpenerziehung bis zur Begleithundprüfung. 2. Auflage, Oertel+Spörer, Reutlingen 2013.
Röthig, Doris: **Rettungshundeausbildung zur Flächensuche**. Oertel+Spörer, Reutlingen 2012.
Schuhmeir, Wieland: **Problem Hund?** Verhaltensprobleme erkennen – lösen – vorbeugen. Oertel+Spörer, Reutlingen 2011.
Sinner, Tanja und Lehari, Gabriele: **Obedience**. Gehorsam in Perfektion. Oertel+Spörer, Reutlingen 2010.
Werner, Tina: **Wellness für Hunde**. Massage und Physiotherapie für jeden Tag. Oertel+Spörer, Reutlingen 2010.